アート・マークマン＋ボブ・デューク　浅野義輝 訳
Art Markman and Bob Duke

この脳の謎、説明してください！

知らないと後悔する脳にまつわる40の話

BrainBriefs

Answers to the Most (and Least) Pressing Questions about Your Mind

青土社

この脳の謎、説明してください！　知らないと後悔する脳にまつわる40の話

目次

まえがき　7
1　新しい経験を受け入れやすい人が成功するのでしょうか？　9
2　幸せは自分でつかむものなのでしょうか？　19
3　ウソを見破るにはどうすればよいでしょうか？　26
4　脳トレゲームで賢くなれますか？　32
5　物を覚えるときは物語仕立てにするのは役立つでしょうか？　38
6　痛みには解釈の余地があるのでしょうか？　46
7　学校での教え方は子どもの学び方と合っているのでしょうか？　51
8　早口言葉を噛んでしまうのはなぜでしょうか？　57
9　マルチタスクをするとより多くの仕事を片付けられますか？　62
10　真面目さと創造性は両立できるでしょうか？　69
11　脳はわずか一〇パーセントしか使われていないというのは本当でしょうか？　76
12　私たちの記憶力は衰えゆく運命にあるのでしょうか？　81
13　映画の「コンティニュイティー・エラー」を見つけにくいのはなぜでしょうか？　85
14　ナルシストはみんな同じなのでしょうか？　91
15　年をとると時間が速くすぎるのでしょうか？　96

16 **寛大**なことはなぜ強力なのでしょうか？ 101
17 私たちの思考はそもそも**一貫性**があるのでしょうか？ 105
18 **信念**はブレないのでしょうか？ 110
19 **新しい言語**を覚えるのが難しいのはなぜでしょうか？ 115
20 **右脳は左脳**と違うのでしょうか？ 122
21 **ライターズ・ブロック**を克服するにはどうすればよいでしょうか？ 128
22 **失敗**は必要でしょうか？ 133
23 **自分が見ていること**のどれほどが現実なのでしょうか？ 139
24 **罰する**ことは役立つでしょうか？ 145
25 **比べる**ことはなぜとても役立つのでしょうか？ 151
26 人はなぜ**プレッシャーを感じるとあがる**のでしょうか？ 157
27 **何を買うか**はどうやって決めているのでしょうか？ 163
28 **ブレインストーミング**をするのに最もよい方法はなんでしょうか？ 170
29 **オンラインでのコミュニケーション**がとても非効率的なのはなぜでしょうか？ 175
30 **起こってないこと**を思い出すということはありえるでしょうか？ 180
31 **偏見**は避けられるものでしょうか？ 185
32 **とめどなくくどい迷惑**に対処するいちばんよい方法はなんでしょうか？ 190
33 人の**心を読み取る**技能は必要でしょうか？ 195
34 結局のところ、**脳とは何のためにある**のでしょうか？ 201

35 **モーツァルトの曲**を聴くと頭がよくなるのでしょうか？ 205
36 他の人はなぜ**怠け者**なのでしょうか？ 210
37 **妄想**はよいことなのでしょうか？ 215
38 犬のことを**「犬」と呼ぶ**のはなぜでしょうか？ 220
39 だれもが**子猫の動画を大好き**なのはなぜでしょうか？ 225
40 **昔を懐かしむ**のはよいことでしょうか、それとも悪いことでしょうか？ 231
謝辞 237
訳者あとがき 239
参考文献 iii
索引 i

この脳の謎、説明してください！

知らないと後悔する脳にまつわる40の話

まえがき

私たちのラジオ番組（ポッドキャストでも配信）『Two Guys on Your Head』（心について語る二人の男）に関する本を書こうと思い始めていたとき、番組での会話の情熱を本の形で読者に伝えようとするのはたいへんな仕事だと思われました。一方では、番組の（一回七分半という）形式は、いろいろな話題を短い章にするのに無理がありません。しかしもう一方では、私たちは声が似ているのに、ものの見方、洞察力、性質が（互いに補完するような形で）だいぶ違うのです。（その上、書き言葉でおもしろい話をするのはとても難しいのです。ジョークがおもしろく聞こえるのに重要な、言葉のタイミングや抑揚はページ上で表現されないことがよくあります。）

人間の脳や行動についての、興味深く悩ましい難題の数々に取り組むうち、私たちの性格や視点の本質を本の形で運よく表現できたのではないかと思います。まずはこの本の構成を簡単に述べて、読み方をご紹介します。

番組の各回のように、この本でも章の並びに特定の順序はありません。最初から最後まで順番に読み進めていただいても、興味を持たれた章だけを読まれてもかまいません。私たちは結局のところ大学教授ですから、自分の主張が強く出ている箇所がたくさんあるとはいえ、奥深い研究に基づいた議論をするように極力努めました。また、この本の最後には各章の議論の元となった文献のリストがあります。ここに挙げた文献は、心理学のさまざまな話題をさらに深く掘り下げて学びたい読者にとって重要な出発点となります。

取り上げた分野の微妙な点のすべてが公平に扱われていないことはわかっています。この本の目的は、それぞれの分野で幅広い範囲にわたって行われている最新の研究のほんの一部をお見せすることです。私たちが望んでいるのは、すくなくとも読者のみなさんがこの本で楽しんだり、好奇心をそそられたり、この本の内容をお友だちとのちょっとした会話に使ってみたり、この本から観察力を少しでも得られたりすることです。この本で学んだことを生活に応用し、人間の本質をさらに深く研究するきっかけになればなおよろしいでしょう。

さあ、この本の世界へ飛び込んでください。私たち著者がたいへん興味深いと思っている人間の心の世界へようこそ。『Two Guys on Your Head』へようこそ。この本を手にしていただいたのは著者としてうれしいことです。

1　新しい経験を受け入れやすい人が成功するのでしょうか？

学者というのは他の学者と話をするのが好きです。学会で出会って、お互いの研究を共有し、この地球上で自分たちの他にわずか二五人しか興味を持たないと自信を持って言えるような会話を大いに楽しみます。こういうとき、「同類」と一緒にいるんだと感じます。もちろん、他の学者の噂話をしますし、仕事について愚痴を言うこともあります。学者だって所詮は人間ですから。それでも、自分たちの研究で人間の思考や行動の本質についてわかったことを共有するのが大好きです。ほとんどの学者にとって、自身の研究成果について専門家でない人たちと分かち合うのは、せいぜい自分が教鞭を執る授業においてくらいです。

ただ、心理学では、科学者が学問の壁を越えて人々と深く関わることを強く求められます。ほとんどの人に心があるのに、実際に心がどのように働くかについてはほとんどだれも詳しく知りません。これは本当に残念なことです。物理学を勉強していない人には橋を架けさせませんし、生物学を学んでいない人を医者にしませんよね。ならば、あることについて意見を持ったり、難しい決断をしたり、教育課程を作成したりするのに、脳が実際どのように働いているのかを少しでもよく知っておいた方が有利になるのではないでしょうか。まずは、どうして人間が人間らしく考え、感じ、振る舞うのかを探ってみるのはどうでしょう。

そこで、私たちは人間の心について普通の人々と話をする機会を持つようにしました。アート先生は心理学の専門誌『サイコロジー・トゥデイ』でブログを始めました。ボブ先生は、学生が効果的に学習を進めるにはどうすればよいかを学校の先生方に教え始めました。以降、二人はこの社会支援活動で忙しくしています。そして今では、少なくとも週に一度、私たちの心の働きの不思議について、ラジオを通じてリスナーのみなさんに話しかけているのです。

このような活動を始めたころは、特に明確な目標を定めていませんでした。ただ、こういう活動を行うのが正しいと思われただけだったのです。しかし、アート先生がなにかを売り込むことが必要になったとき、学者以外の人々とのコミュニケーションを目的としたこういった仕事が役に立ちました。二〇一二年の冬、アート先生はテキサス大学で「組織の人間的側面」（Human Dimensions of Organizations）という新しい修士課程を始める手伝いをしていました。この課程の目的は、人文科学、社会科学、行動科学の研究を融合して人間の行動を業界の人々に教えるというものでした。この課程は新しいので、アート先生はより多くの人々にこれを紹介する方法を探さなければなりませんでした。探しているうちに、地元の公共ラジオ局ＫＵＴに行き着きました。というのは、この局はテキサス大学のキャンパスで「サボテンカフェ」（Cactus Café）という音楽のライブバーを運営していたからです。ＫＵＴは隔週にこのバーで「ビールを飲みながらご意見を」（Views and Brews）というトークショーを開催しています。アート先生は自分の修士課程からだれかを参加させることはできないかとラジオ局に頼み、たいへん驚いたことに、ラジオ局は先生の頼みを受け入れたのです。

サボテンカフェは通常は音楽イベントの会場で、ルシンダ・ウィリアムズ、ライル・ラヴェット、ロバート・アール・キーンなどのミュージシャンがデビューしたという場所です。そこで、アート先生は音楽学部の同僚を巻き込んだらおもしろいかもしれないと思い、ボブ先生に一緒にやってくれないかと声を掛けました。

このようなきっかけで、このトークショーのプロデューサーであり司会でもあるレベッカ・マキンロイとともに私たち二人はサボテンカフェのステージに上がって鋭い意見や独創的な問題解決法について話をしたのです。このショーが楽しくて、笑いが絶えませんでした。このトークショーはその場で話して終わったはずでした――少なくともしばらくの間は。

一年ほど経ったころ、レベッカはサボテンカフェの次の年の予定を立てていて、「ビールを飲みながらご意見を」を続けてくれないかと私たちに頼みました。ステージに上がることが好きだったので承諾したところ、打ち合わせに行くと、私たちの会話を心についてのラジオ番組やポッドキャストの形式にすることを考えてみてくれないかと頼まれました。二人ともまさかラジオ番組をやるとは思っていなくて、にっこり笑って「忙しいので」と言って丁重にお断りするつもりでいました。でも、ここで「経験への開放性」が頭をもたげたのです。

性格心理学者は、人間の行動様式の違いをうまく説明するのに五つの特性を認めています。あまり驚くほどのことではありませんが、この特性は「ビッグ・ファイブ」と呼ばれています。それぞれの特性は連続していてはっきりした区別がなく、両極端の人はその特性に関して大きく異なっています。

この「ビッグ・ファイブ」の一つが「経験への開放性」で、これは新しいことを試す意欲のことです。比較的開放的な人はあらゆる種類の新しい機会を検討します。実際に全部試すことはないにしても、少なくとも前向きに考えます。一方、経験への開放性がない人は、単に新しいからという理由だけで新しい考えを概して却下します。

でも、開放性のない人は単に新しいという理由だけで物事を却下しているのだということを実際には認めません。その代わり、こういう人は新しい考えが悪いというのになんだかんだと難くせを付けるのです――そんなことはうまく行かない、時間が掛かりすぎる、人にバカにされる、どうせ成功しないんだから時間の無駄だ、うまくできる人が他にいる。どういうことかもうおわかりでしょう。新しい物事はちょっと怖くて、開放性のない人は変化を避けてこれまでと同じ人生を生きることでその怖さに対応しているのです。

運よく、私たちは二人とも経験への開放性が大きいので、レベッカに番組をやってくれないかと頼まれたとき、にっこり笑って「もちろんです」と答えました。（後になってわかったのですが、私たちは外向性も大きく、たくさんのリスナーの前で話すのも楽しいと思えました。「外向性」は「ビッグ・ファイブ」の性格特性の一つで、これは社会的な状況で自分に関心が向けられるのがどれほど好きか、です。）

そして、数週間後、私たちはテキサス大学の新しくてきれいなKUT局のスタジオでテーブルを囲んで座っていたのです。二人とも自分がなにをやっているのかさっぱりわかっていませんでした。どこにマイクを付ければP音で発生する雑音（ポッピング）を防げるのかとか、テーブルを叩いたり椅子の脚を蹴ったりしないようにとか、録音技師のデイヴィッド・アルヴァレスが辛抱強く（何度も）説明してくれました。それなのに、私たちは言われたことのほとんどをすぐに忘れてしまうのです。それでも、スタジオで幸福、恐怖、性格、習慣、マルチタスク、脳トレゲームといった心理学の話題について長いこと語り合い、それはそれは楽しい経験でした。

また、レベッカが私たちのとりとめもない会話を巧みに鮮やかに編集し、わかりやすくて楽しい七分間の番組に仕上げてくれました。こうして二〇一三年八月、『心について語る二人の男』（Two Guys on Your Head）という番組が立ち上がりました。

番組では毎週、たぶんだれもが一度は考えたことがあるような心理学の側面に関して話しますが、リスナーやお知り合いにこういった側面について少しでも理解してもらうのに役立つ実際の研究を付け加えて話題を深めています。番組の雰囲気をつかんでいただくために付け加えておくと、ボブ先生はニュージャージー州なまりで話し、アート先生も（たぶんボブ先生と同じニュージャージー州出身だからでしょうか）ボブ先生のように話します。また、私たちは番組中によく笑います。実際、アート先生がボブ先生を大好きな理由の一つはボブ先生がアート先生の冗談に笑ってくれるからです。

ここまでの話のおもしろいところは、振り返ってみると、その当時よりもはっきりと、より整然と話がまとまって見えることです。人生では、ある出来事が実際に起こっている最中にはそれを話として語る価値がないものです。ある出来事が重要かどうかは、ずっと後になってからでないとわからないことがよくあります。この場合も、ラジオ局に連絡して修士課程の宣伝をしようとしたことが、心についてのラジオ番組につながるとは当初は思ってもいませんでした。でも、実際はそうなったのです。

「経験への開放性」が役に立つのは、物事の結果がどうなるかわからないからです。何か新しいことを試してみると、意外とうまく行って、後で振り返ってみると人生の転機の一つになったと考えられるような出来事になる場合があります。試した結果が何もなくても、その経験を楽しんだり、そこから何かを学んだりすることでしょう。

もちろん、あまりに開放的になってしまうと、生産性よく、幸せに新しい物事に興味を持つという一線を越えて、新しい物事を探す欲望を抑えられなくなってしまいます。自分の身の丈に合うかどうかをみるために新しい考えを試してみるのはよいことですが、いとこの友だちがダイエットにとてもいいよという だけの理由でアリゾナ州の「発汗小屋」〔訳注：ネイティブ・アメリカンの「治癒と浄化」儀式を行う場所〕

で一週間も過ごす必要はありません。秘訣は、試さないと決める前にその行動の利点と欠点を十分に考え抜くことです。

「経験への開放性」が少々足りないなと思っていて、より開放的になりたいなら、できることがいくつかあります。最初に、後悔についての研究から学びましょう。

心理学者が後悔について研究し始めたころ、多くの場合はそうですが、大学の二年生を研究対象としました（なぜなら、生物学でショウジョウバエがよく使われるように、大学二年生は心理学でのいい被験者だからです。安く雇えて、人数も多く、募集も簡単です）。後悔していることは何ですかと大学生に尋ねると、酔っぱらって羽目を外したこと、試験に合格しなかったこと、車をぶつけてしまったことというように、主に自分が過去にやってしまったバカなことを挙げます。

コーネル大学のトム・ギロビッチはすばらしい考えを思い付き、後悔していることを老人ホームに入っている人たちに尋ねました。そうすると、年配者の多くが、過去にやってしまったことよりも、過去にやらなかったことを挙げました。たとえば、サルサダンスを習っておけばよかった、世界中を旅行したかった、何か楽器を習いたかった、と言うのです。人生も終わりに近づくと、やったことがないことや、今後やることのないことに気づき始めるのです。

やらなかったことをいつか後悔するとわかれば、将来の自分を思い浮かべるそのすばらしい能力を使って、何をやらなかったら後悔するのかを想像するのは簡単でしょう。興味を持てる新しい可能性に直面したとき、退職後の自分の姿を想像してみましょう。そして自分に問いましょう――人生の終わりに、このチャンスをやりすごしたことで後悔するかどうかを。その答えがイエスなら、その可能性に向かって心を開くのです。

次にできることは、人間の脳は動機について「思考モード」と「行動モード」という、はっきりと区別できる二つの状態があるのを認めることです。脳が「思考モード」にあるときは、特定の行動を取るとどういう利点と欠点があるかをじっくり考えています。成功への道を邪魔する障害について考え、将来の計画を練り、過去に経験した成功と失敗について考えます。「思考モード」では、外の世界に向けての行動を駆り立てるエネルギーはありません。

一方、「行動モード」にあるときは、行動への欲求があります。外の世界と関わりたいと思います。何かを成し遂げたくてうずうずします。自分は先に進みたいと思っているので、「思考モード」になっている他の人がじれったくなります。

往々にして、新しい可能性に対して心を閉じているとき、私たちは「思考モード」よりも「行動モード」になっています。これはちょっと矛盾しているように思えますが、この場合は「行動モード」が新しいことをさせないようにするからです。どうしてでしょうか？　それは、「行動モード」は行動への欲求を生むものの、より慣れた道を進む方がそうでない道を進むよりも楽なので、結局新しくない行動を選んでしまうのです。

ですから、新しい可能性への道を閉じる誘惑に駆られたら、新しいアイディアについてもう一度考えてみる余裕を持ちましょう。つまり、決めるのに少し時間を置いてみるのです。考えながら数日過ごしてみましょう。最初のうちは違和感があってしっくり来ないかもしれませんが、時間が経つにつれてなじんで来るかもしれません。却下するよりも、頭の中にしばらく放っておいて、そのアイディアがおもしろくなるか、それにワクワクするようになるかどうかみてみましょう。

不慣れなことを恐れて、いろいろな意味で興味を引く新しい道へと踏み出すのに思いとどまっているなら、「この新しい道に進んだら起こる最悪の状況は何だろう」と自問するのもよいでしょう。多くの場合私たちは、認識される危険が正当化するよりも、強い恐怖を覚えるものです。大勢の前で話すことを考えてみましょう。多くの人にとって聴衆の前で話すのは怖いことなので、心理学者が実験で被験者にストレスを誘発させるためには無理やり人前で話させるという常套手段を使います。私たち二人は人前で話すことが仕事ですから、そのような怖さは遠い昔の記憶です。事実、アート先生は話すよりも聴衆として座って聞いている方がつらいと言います（外向性がここにも出ていますね）。でも、どのようにすればこのように変わることができるのでしょうか?

単純な答えは練習です。こうした練習の効果はどこから来るのでしょうか? 部分的な話をすれば、練習は人前で話す能力の改善に役立ち、自信が増します。私たちより内向的であっても、人前で話す練習はたいへんためになります。練習すると、それほど多くの悪いことを経験せずに話すことができ、本当はそんなに怖いことではないと気づかされます。結局のところ、記者会見で話す政治家でない限り、人前で話すときに後々まで影響が残ると言える場合はほとんどありませんよね。実際の危険は思っている程度よりもはるかに小さいのです。間違ったとしても笑われるのはほんの一瞬です。実際、ほとんどの聴衆は話し手の間違いに対してとても寛大です。

もちろん、感じる危険の度合いはいつも実際の危険より小さいとは限りません。バンジージャンプをやろうとすると、たぶん尻込みするでしょう。アート先生は屋根に上るのも嫌がり、まして足をゴムひもで縛られて高いところから飛び降りることなどできません。でも、高い所が怖いのではなく、痛みを感じて死ぬかもしれないと考えると怖くなるというだけなのです。これは妥当なことで、特に地面に向かって真っ逆さまに飛び込むときに感じるスリルは地面に衝突することと相殺されるものではないように思われます。バンジージャンプで悪いことが起こる可能性はたいへん低いものの、もし起こったら本当にたいへんです。だから、アート先生はバンジージャンプが怖いのはもっともなことだと感じます（だからといって、バンジージャンプをやらない方がよいといっているわけではありません。アート先生はジャンプにお付き合いしないですよ、という意味です）。

一般に、現代の文明世界では（一見、バンジージャンプでさえも）たいへん安全です。ですから、新しい機会に対して道を閉ざす前に、「恐れなければならない唯一のものは恐れそのもの」〔訳注：米国のフランクリン・ルーズベルト元大統領の就任演説の一節〕ではないか、と自分に問うてみましょう。（フランクリン・ルーズベルトは、どういったフレーズがキャッチーか、というのを熟知していました――使い続けていれば、受け入れられるかもしれません。）

結局のところ、新しい機会に対して前向きであれば人生が豊かになるだろうと、私たちは自信を持つことができます。一般に、成功して仕事をバリバリこなしていると思われている人は、人生の進む道を決めてしまいそれだけに固執するよりも、新しい経験に心を開いている人です。自分自身が元々そのような経験に心を開く性質でないのなら、また心をもっと開きたいと思っているのなら、より開かれた行動を取るためにできることがたくさんあります。そうすれば、以前よりも心が開いている感覚が実際に生まれることでしょう。

番組が始まったばかりのころ、ある回でボブ先生は自分たちが話したことを簡潔な文にまとめ、「なあ、この文を枕に刺繍しておこうじゃないか」と言いました。それ以来、人間の心理へのささやかな知的追求で積み重ねた、記憶にとどめておきたい鋭い要約をそういう文を使って表現してきました。読者のみなさんが次回の刺繍パーティーに使ったり、オリジナルのマグカップやTシャツを作ったり、入れ墨にしたりと、お好きなようにお使いになれるよう、この本でも要約文を付けておきます。
この章では、開放性の利点を要約したちょっとした格言を載せておきます。

答えはだれにもわからない。

2 幸せは自分でつかむものなのでしょうか？

二〇年ほど前、ある変化が心理学の分野に起こりました。ストレスのように人生でうまくいかない状態の研究から、幸福のようにうまくいっている状態の研究へと焦点が移ったのです。この研究は、「ポジティブ心理学」という適切な言葉で呼ばれていますが、第一人者は当時アメリカ心理学協会の会長だったマーティン・セリグマンとイリノイ大学教授エド・ディーナーです。

人が何によって心地よさを感じるかの研究を始めたセリグマンにとってこの移行は特に興味深いものでした。セリグマンの有名な初期の研究の一つでは「学習性無力感」について調べています。これは、生命体（覚えておいてください、私たちはみな生命体なんですよ）が避けることができない、痛みを伴う刺激を繰り返し受けると現れる行動です。このような経験から学習するのは、避けようとするのは無駄なことで、その刺激を避けられるのに避けることをあきらめ、やがて避けようともしなくなるという注目すべき結果が出ました。「学習性無力感」については後ほどもう少し詳しく説明します。

セリグマンとディーナーらは、幸福感や満足感にあふれた人生を送るには、まず幸せで満ち足りた人生とはどんなものかを理解する必要があると気づきました。人をみじめにすることに焦点を当てるのではなく、「人は何によって幸せになるのか？」という問いを立てたのです。

幸福についての研究結果は興味深く、ある意味では直観に反しています。最も重要な結果の一つに、個人の幸福は時を経てもかなり安定しているというものがあります。つまり、たいていかなり幸せな（または人生に満足している）人がいる一方、たいていそれほど幸せでない人がいます。人生の一大試練や、だれもが経験する浮き沈みがあるとはいえ、一生を通じて感じる幸福のレベルは比較的一定なのです。研究者はこの全般的な幸福のレベルを「設定点」と呼びます。

昇給や長期にわたった人間関係の終わりといった人生のさまざまな出来事が原因で幸福を感じる度合いは短期的に上下するものの、長期的にはだれもが設定点に戻る傾向にあります。当然ですが、家族が亡くなると何週間も何か月も（いやそれより長い間）悲しみが続きます。逆に、宝くじに当たって思いがけなく大金が入ると、何週間も何か月もウキウキして喜びます。でも、ほとんどの場合、そのような経験の後に続く出来事が自分の設定点と合わさって、私たちが最もよく経験する幸福のレベルに戻りがちです。

幸福は私たちに起こる出来事——得たものと失ったもの、達成したことと失敗したこと——に完全に依存するという考え、また、人生のさまざまな出来事の組み合わせが幸福を感じる際の唯一の決定要因だという考えを受け入れることもあるでしょう。でも、実は幸福かどうかはこのようにして決まるものではないのです。

心理学者ダン・ギルバートらの研究がこの点を示しています。大学の助教授を対象として、昇進やテニュア（終身雇用制度）についての決定が幸福にどう影響するかを評価しました。

テニュアを得ると雇用状態が確実に保証されるので、昇進とテニュアは人生の後々にまで影響するたいへん大きな出来事です。世界でいちばんすばらしい仕事をいつまでも好きなだけ続けてよいと言われたら、その後の人生は幸福にちがいないと思うでしょう。反対に、そのようにすばらしい仕事を辞めなさいと言われたら、その後長い間ひどく落ち込むでしょう。

テニュアを得られるかどうか審査される予定の教授のグループに、テニュアを得た後に何か月間、何年間幸福か予測してもらいました。このグループはテニュアが決定したらどう感じるか、テニュアが拒否されたらどう感じるかを予測しました。予想通り、テニュアが決まったときの方が拒否されたときよりも幸福を感じると教授らは予測し、拒否された場合の影響はだいたい五年間続くだろうと見積もりました。

別のグループはすでにテニュアの審査を受けた教授で、テニュアを得られた人も得られなかった人もいます。このグループには審査の結果が出た後で、実際に感じた幸せについての質問をしました。テニュアを得ると幸福になるのでしょうか？　どうもそうではないようです。平均して、テニュアを拒否された人も得た人と同じぐらい幸福でした。もちろん、拒否という決定から数か月間は動揺していましたが、この重大な人生の出来事は思ったほど大きな影響を与えなかったのです。このような研究結果こそが、おそらく枕に刺繍して残しておきたい格言「これもまた過ぎ去るだろう」〔訳注：古代ペルシャの格言〕の元なのでしょう。

これは人生の満足度の全般的なレベルが決して変わらないという意味ではなく、長期にわたって大きなグループを対象として行われた幸福についての研究で、前に述べた二つの興味ある結果が明らかになったということです。第一に、毎年毎年、状況が変わった結果として幸福の度合いも変動します。第二に、（偉業の成就のように）肯定的であっても（重病のように）否定的であっても、感情的な出来事が起こってから時間が経つにつれて——時間はかかるかもしれないが——いずれは幸福度は設定点に戻る傾向にあります。

長期間の幸福での変化についての研究結果は、特にあまり幸せだと思っていない人にとってはちょっと重苦しいでしょう。全般的な人生の満足に長期間の変化がある場合、このような変化は肯定的でなく否定的なものでありがちです。つまり、平均的には、時間を経て幸福度が増すより減る場合が多いのです。これは、私たちの運命をよい方に動かすような好ましい状況に遭遇する可能性よりも、問題が発生して幸福度を減らすような状況に遭遇する可能性の方が大きいということです。肯定的な出来事の後でも否定的な出来事の後でも、すべての人が相対的な設定点に戻る傾向にあるとはいえ、たとえば病気が長引いたり、仕事が見つからなかったり、配偶者が亡くなったりすれば、感じる幸福度も長期にわたって減っていくでしょう。

反対に、人生の満足度を長期にわたって増す傾向にある要因の一つに結婚があります。往々にして映画やテレビでは結婚はストレスの元として描かれますが、実際には結婚は精神の安定を得るのに役立ちます。精神が安定すると、継続的で健康的な習慣が身につき、人生の満足度を減らすかもしれない病気にかかりにくくなります。

では、幸せになるためには何ができるのでしょうか？　たぶんいちばん大切なことは、幸福が金銭的な目標の達成によって決まるものではないのだと覚えておくことです。全般的に不満を抱えながら地道に毎日を過ごし、幸せを感じるのを保留にしている人はたくさんいます。こういった人たちは、そのうち（卒業、結婚、本の完成、出産、家の購入などの）目標に達した時に幸福のスイッチが入ってそのままずっと幸せを感じられることを期待しているのです。

アート先生は、ティーンエージャーのときにグランドキャニオンをハイキングしたことというすばらしい話を持っています。彼は谷底に着くと、谷から出る長い道のりを歩き始めました。これはジグザグが何度となく繰り返される道をたどってゆっくりと谷の縁《へり》へと続く道です。道を登って、しばらくすると逆方向の道をまた歩いていきます。ジグザグの道は見通しがよくないので、どのくらいまで登ってきたのかがわかりません。次を曲がればもう谷の縁だと期待してしまいます。そのような期待が長く続いて、（幸いなことに）ついに縁にたどり着くのです。

人生で幸福を期待するのはこんな感じです。次を曲がれば幸福がそこにあると考えます。一流大学に受かれば、卒業して就職すれば、昇進すれば、ついには結婚相手が見つかれば――それで幸せになれると。

未来の出来事を基準として幸福を考えているので、幸福になる機会が本当はすぐそこにあるのに、次の曲がり角に着くまでは、と先延ばしにしてしまいます。

これはたいへん残念な考えです。というのは、人生には「今」しかないからです。アート先生の例えでいえば、私たちは人生のグランドキャニオンにいるのです。登りばかりのハイキングを挑戦として、いちばん上に到達するまで苦しむのでしょうか。それとも、息を切らして汗をかきながら山道を登っていく間に経験するすばらしい景色などのことを考えて、それでよしとするのでしょうか。

何らかの目標に達するまで喜びを後回しにして、その喜びがわずかな期間しか続かないことを到達するまで知らないよりも、今、この日にやっていることの中から自分が好きなことに焦点を当てましょう。確かに、将来の目標のためにやるべきこと、払うべき犠牲はあります。でも、希望に満ちた未来のために、楽しくもない仕事を次々と果てしなくこなすだけの人生なら、日々行っていることを見直して、今日できて楽しめる何か、達成感を得られる何かを探すのは今です。昔のバンパーステッカーにこんなものがありました――「最も多くおもちゃを持って死ぬ者が勝者である」。おもちゃの山をいちばん大きく積んだ人はおもちゃ集めの競争には勝つかもしれませんが、だからといって必ずしも幸福とは限りません。おまけに、死んでしまえばおもちゃは意味がありません。

自分の仕事を楽しんでいて、その仕事を天職と思っている人の方が、目的をはっきりと意識せずにストレスや不安を持ちながら仕事をしている人よりも幸福なのは当然です。つまらない仕事のような境遇にとらわれていると感じている人が不幸だと思うのは無理もありません。

ボブ先生はアドバイザーとして何人かの学部生を担当していますが、時々、大学がいつ終わるとも知れないストレスと不満の元となってしまう学生がいます。そういう学生には、しばらく大学から離れてみたらどうかと勧めます。これは相談に乗ってもらっている教授からの助言にしてはちょっと驚くようなものでしょう。ここで忘れてはいけないのは、学部生は今後の人生での選択肢がたくさんある、特権を持った人たちだということです。この助言を聞いた学生のほとんどは実際には大学を辞めません。でも、自分は大学を辞めることもでき、大学に通っていることは自分の選択した結果なのだということに気づくことが、なぜ大学にいるのかを改めて考える助けになります。そうすると、境遇にとらわれていると感じなくなり、自由であると感じられるようになります。一般に、自分が思うより多くの選択肢が存在することを覚えておくのは大切です。

幸福についてのこの章を終えるにあたって、人とつながりを持つのが重要なことを強調しておきましょう。幸福の研究では、孤独が、不幸かどうかを予測する大きな要因だという結果が出ています。（これは、孤独な人は概して不幸だということを遠回しに言っているのです。）周りの人とつながっていると感じていない場合、強いつながりを感じている場合よりもますます嫌な気分になります。これは、親密でロマンチックな人間関係かそうでないかにかかわりなく正しいのです。

もちろん、そもそも不幸な人は周りの人たちと接触しようとしません。そのため、自分が不幸だと思うと人とあまり交わりたくなくなり、孤独と不幸の相関関係が増長されてしまうという問題があります。でも、同じ時を過ごす人の数は自分でコントロールできます。寂しいと感じたら、友人や家族にでも電話できます。また、興味を同じくする人とお金をまったくかけずに出会う方法はたくさんあります。地域の集まり、宗教団体、さまざまな社会奉仕活動では、ボランティア活動を通じて熱心に取り組んでいる人たちとつながりを持つことができます。

雑談することでも幸福の度合いがちょっとだけ増すということがわかっています。ニック・エプリーとジュリアナ・シュローダーは通勤者を対象としたすばらしい研究を行いました。公共交通機関を使う通勤者のほとんどは通勤の車内では一人で座り、仕事をしているか本を読んでいるのがいちばん満足で、暇を持て余した人が隣に座ってきて要領の得ない長ったらしい会話に引きずり込まれるのに強い恐怖感を覚えながら生きています。

エプリーとシュローダーは、一部の人たちには通勤中に見知らぬ人と積極的に会話をするように、別の人たちには通勤中に他人と話さないようにお願いしました。その結果、会話をした人たちは会話を楽しみ、黙っているように言われた人たちよりも通勤が楽しかったと報告しました。もしかしたら、毎日がちょっと楽しくなるささいなチャンスを私たちの多くは逃しているかもしれませんね。

何を言いたいのかもうおわかりになるでしょう。長い間幸福を感じるかどうかの大部分は遺伝的傾向を反映していて、変えようとして変えられるものではありません。でも、より満ち足りた幸福な人生につながる、自分でコントロールできることも多いのです。人生において、さまざまなレベルの課題に直面するという事実を無視しているわけではありません。実際、幸福を感じやすい人も、それほど簡単に幸福を感じられない人もいます。それでも、幸福は自分でまったくコントロールできないものではなく、自分が置かれた環境を正当に評価して、周りの人たちと互いに理解し合う機会をつかめば、人生の全般的な満足度を高められる可能性があるでしょう。以上、まとめると——

幸せは向こうからやって来ることもあるし、自分から向かって行ってつかまなければならないこともある。

3　ウソを見破るにはどうすればよいでしょうか？

人はいつでもウソをつきます。真実を語ることは価値があると社会的にはいわれていても、社会生活を考えるとおそらくウソをつくのがいちばんよい状況が多いものです。人の服装を褒めていても実はそれほど好きではないとか、退屈そうなパーティーに行きたくなくて家族と一緒にやらなければならないことがあるという口実を作るとかです。こういった小さな儀礼的ウソは他人との感じよい社会的交流を保つのに役立ちます。もちろん、もっと大きなウソをつくこともあります。規則を破ったり、自分のミスを他人のせいにしたりしたときに、取り繕うためにウソをつきます。

いわゆる「罪のないウソ」は後々の影響が小さいかもしれませんが、ウソの影響が大きいときに、ウソをつかれているかどうか見当をつけることができるのは重要です。ウソ発見器は一大産業になってきましたが、ウソをついている人とついていない人を区別するのがたいへん難しいのが残念な真実なのです。

ウソを発見するにはいくつかの方法があります。ある方法では、ウソをつくとストレスや（よく「覚醒」と呼ばれる）精神的能力が発生することを前提にしています。というのは、真実だとわかっていることと自分が伝えている虚偽の情報との間に緊張関係があるからです。ウソをついているとバレないかと怖くなり、それが覚醒に加わります。コントロールするのが難しい（またはコントロールできない）ストレスや覚醒の生理的兆候がいくつかあります。ストレスがかかると心拍数が上がり、呼吸が荒くなります。さらに、発汗のわずかな増加を反映して皮膚の電気伝導性が変化します。

このような測定項目がウソ発見器によるテストの基礎です。基本的な考え方では、これらの生理的変化を利用して特定の発言がウソかどうかを評価します。

しかし、覚醒を基準としてウソを測定するにはいくつかの問題があります。第一の問題は、ウソを相当な回数繰り返しついていると心理学上では真実と同じになります。真実の発言と虚偽の発言の間に緊張関係がなくなります。そうすると、ウソに対する生理的反応が出ません。

第二の問題は、ウソ発見器にかけられること自体にたいへんなストレスを感じる人がいるということです。慎重な取り扱いが必要な個人的な話題を質問されると、このような人は覚醒が高まり、ウソのように見える反応をします。これは、ウソ発見器がウソ自体ではなくウソをついたときに予測される反応を測定するからです。ウソをついていても予測される反応が現れなければ、テストはうまく行きません。逆に、ウソ以外の理由で覚醒反応が出ると、テストではウソをついていると間違って示されてしまいます。このため、ウソ発見器は法廷で証拠として認められなくなったのです。

心理学者として、アート先生はウソを見破るための特定の理論について尋ねられることがよくあります。友人たちはいろいろなアイディアを持ってきます。ウソつきの方が本当のことを言っている人よりまばたきの数が多いとか、ウソをついているときは上を見てから左を見るとか、ウソつきは笑いながら話すとか、キーキー声で話すとか、話すときに相手と目を合わせないとか。

ウソつきの中には時々こういうことをする人も確かにいるでしょう。でも、本当のことを言っている人でもこのように振る舞います。ここで、目を合わせるということをちょっと考えてみましょう。自分がついたウソがバレたらがっかりされるかもしれないと思うと恥ずかしいので、ウソをついているときに目のやり場に困る人がいるのもわかります。確かに、ウソをつく人の中には目を合わせるのに困る人もおそらくいるでしょう。

でも、実際には、だれかと話しているときに目を合わせるのが難しいと思うのはだいたいだれにもあることです。人間の顔は複雑で、見るときには脳が盛んに活動します。脳は話し相手が作る微妙な表情を解釈し、相手の感情を理解しようとします。

しかし、そのような脳の活動は、実際には思っていることを話し言葉に変換する作業の邪魔になります。その結果、多くの人は話している間は話し相手から目をそらし、相手が話しているのを聞くときになって目を合わせるのです。これは次のようなテストをすればわかるでしょう。今度会話しているとき、話し相手がいつ自分にまっすぐに目を向けるかに注意してみます。おそらく相手が話しているときは自分の顔を見ずに目が泳いでいることが多いと思います。

ウソと関係がある生理的反応はどれも完璧な証拠ではありませんが、何らかの情報が含まれています。ほとんどの場合、このような反応から効率よくウソを見破ることはできません。しかし、他人がウソをついているときに発せられるヒントに私たちは敏感であるという証拠も見つかっています。ただ、そういった手がかりを明示的にうまく使うことができないだけです。

ウソをついたときに発せられると推定されているほとんどの反応は実際にはウソを証明する証拠としてはあまり役立ちません。ただし、すべてがそうとは限りません。たとえば、本当のことを言っているときよりもウソをついているときの方が、声にストレスが現れる場合が多いのです。しかし、だれかが話をしているのを見るとき、その人がウソをついているかどうかを尋ねると、話をしている人を見た直後よりも翌日に尋ねた方が正しい判断ができるという研究結果があります。ウソをついているときに見られる微妙な手がかりは、会話をしている間は典型的なウソつき像からかけ離れているため、気づくことが難しいのです。でも、後にそのようなウソつき像が弱くなり、（声のストレスなど）微妙な手がかりに気づき、ウソを見破ることができるようになります。

行動のいくつかの面もウソと真実を区別するのに役立ちます。事実と虚構の大きな差の一つは話を伝えるときの言葉遣いにあります。その著書『代名詞の秘密』（*The Secret Life of Pronouns*）でジェイムズ・ペネベイカーは本当のことを言っている人と、似たような話題でウソをついている人が使う語を分析する研究を行っています。

ある出来事についてウソをついているときと本当のことを話しているときには一般的な違いがいくつかあります。その違いの一つは、ウソの方が話がおおまかなところです。本当であれば出来事の詳細は明らかですが、ウソであれば話の細かいところまでたくさん思いつくのは簡単ではありません。興味深いことに、本当のことを言っている人はウソつきよりも感情のことをそれほど細かく話しません。これは、本当に経験した記憶から話をしていると、その出来事からの感情の一部を追体験し始めるからです。その結果、その感情は話し手にとっては（また話し手を見ている人にとっても）明らかになります。一方、ウソをついているとその感情を実際には経験していないので、その代わりにそれを説明してしまいます。また、本当のことを言うときには自分自身の話がより多くなります。というのは、ウソをついている人よりも自分自身の記憶に焦点を当てて話す場合が多いからです。（ウソつきは相手が自分の話をどう受け止めているだろうかと考えます。）

とはいうものの、全般的な言葉遣いには人それぞれ大きな違いがあるので、このような観察結果だけを使ってウソを見破る手法を考え出すのは難しいのです。たとえば、私たち二人は話し好きで、本当のことを話すときはたくさんの単語を使います。でも話が簡潔になりがちな人もいます。同様に、自分自身のことをよく話す人もそうでない人もいます。ここまでお話ししたウソのいくつかの面を使ってウソを見破るには、伝えている特定の話を、その人が本当のことを言っているとされる状況と実際に比べる必要があります。

ウソつきは自分が説明している状況を経験していないので、本当のことを話している人よりも言えることが少なくなります。その状況について知っていることはそれほどないのです。たとえば、ボブ先生がパーティーにいて、ラジオ番組に出演しているという話で場を盛り上げているときに、スタジオの様子や番組の技術担当者のこと、有名なレポーターにラジオ局で出会ったかどうかと尋ねたとしましょう。たとえこんな質問を聞かれると予想していなかったとしても、自分の経験に基づいてこういった質問にも答えられます。

行ったことがないレストランに行ったと言い張る人がいるとします。そのレストランでバーがどこにあるのか、どの道沿いにあるのか、駐車場はあるか、照明はどうだったか、うるさかったかといった質問に答えることは難しいでしょう。本当のことを話している人は知っていてもウソをついている人は絶対に知らないようなディテールはたくさんあります。

興味深い研究の一つで、研究者は（視線など）ウソを見破るための従来の証拠か、旅行について本当のことを話していれば知っていて当然だと思われる質問をするという面談手法のどちらかを使うように、空港の保安検査係員を訓練しました。次に、保安検査が有効かどうかをテストする方法として、保安検査に人を送って、旅行目的に関してウソをついてもらうように頼みました。このテストは数か月間にわたって実施されましたが、同じ人を何度か送り、保安検査係員をより上手にだませるようになるかどうかも調べました。この人たちはこの研究のために雇われ、もし係員をだますことができれば失敗したときよりももらえる金額が増えることになっていました。

その結果、従来の証拠でウソを見破るように訓練された係員はおよそ五パーセントしかウソつきを捕まえられませんでした。これは大した記録ではありませんね。一方、面談手法で訓練された係員は七〇パーセントの成功率でした。また、保安検査を何度か通っても、面談をした係員をだますのにうまくなることはありませんでした。

ウソを見破ることの本当の問題は、ウソつきが表に出してしまう反応について間違った考えを持っていることです。ウソをついているときに感じると考えられる緊張感に焦点を当てますが、記憶に焦点を当ててみましょう。ウソつきはウソをついている出来事を経験していないので、本当のことを話す人が経験したであろう詳細を「思い出す」ことはできないのです。

ウソつきは自分が何を知らないのかを知らない。

4　脳トレゲームで賢くなれますか？

いいえ。

おっと、答えとしてはちょっと素っ気なさすぎますね。もう少し説明しましょう。

近頃脳を鍛えて賢くなるためのノウハウは一大産業になっています。現代は、マネジメントの神様ピーター・ドラッカーが「知識経済」と呼ぶ社会です（アート先生によると、ドラッカーの名前を出すときには「マネジメントの神様」という枕詞が必要なのだそうです）。これは、最高の仕事のほとんどは、何かを学び、何らかの情報を利用することと関係していて、私たちの世界の理解の限界が試されるものなのです。

ですから、簡単な訓練でより賢くなれる方法を強く望むのは驚くにあたりません。

これをやれば賢くなると断言している、いわゆる脳トレゲームは現在市場に数多く出回っています。そう断言しているばかりか、その設計にも数々の共通点があります。たとえば、遊ぶのに時間がかからない、すでに知っている内容とは関係がないので学校の勉強というよりもゲームに近い感覚である、興味はそそられるが映画を見たり本を読んだりすることほど楽しくはない、といった点です。

脳トレゲームには、ジムに行ったり走ったりして身体を鍛えるのと同じように、脳を鍛えるという目的があります。ウエイトリフティング、ジョギング、クロス・トレーナーなどの、機器を使った運動は、法外な時間をかけなくても体形を保つのに役立ちます。運動をすると、特定の状況において身体が部分的に強くなります。それと、多くの人にとって運動はそれ自体それほど楽しいものではなく、だから走っている人はイアホンを使い、クロス・トレーナーやランニング・マシンにはビデオ画面やヘッドホン・ジャックが付いているのです。

それでも、ジムで行う運動は期待したことが実質的に達成されます。運動は実際、身体を強くし、筋肉や心臓血管系を発達させ、身体持久力を増強します。

では、脳トレゲームはどうでしょうか？　本当により賢くなれるのでしょうか？

悲しいことながら、脳トレゲームには賢くなる効果が得られそうもない基本的な制約がいくつかあります。多くの研究結果は、ある種の心理検査の成績は学校の成績と実際に関係があることを示しています。「流動性知能」の検査は論理的問題解決の能力を調べるものですが、この検査の成績は問題解決に関わる学問的な課題をどれほどうまく解決できるかに関係しています。

流動性知能検査の成績は「作業記憶」と呼ばれる知的能力と関係があり、作業記憶は意識の中に一度に保持できる情報量を反映しています。ここで考えを比べ、組み合わせ、評価します。作業記憶の容量が大きいほど、情報をよりよく処理できます。たとえば、たった一度聞いただけで七桁の数字を簡単に思い出せる人がいますし、一〇桁を簡単に覚えられる人もいます。一〇桁を覚えられる人は七桁しか覚えられない人に比べて、流動性知能検査の成績がよいのです。

多くの脳トレゲームの基になっているのは、練習して作業記憶の容量を伸ばせば流動性知能が大きくなり、その結果、学業や仕事でよくある問題解決の状況で成績を向上させるという考え方です。また、他のタイプのゲームは、空間的推論や実行的集中力といった他の能力を伸ばすようにデザインされています。

これは十分妥当だと思えますが、事はそれほど単純ではありません。作業記憶のような知的能力は、記憶から情報を取り出したり注意を制御したりする、脳内の他の多くの系統と協調して機能しなければなりません。脳トレゲームが役に立たないのは、思考というものを、別々に改善できるバラバラな仕組みがまとまっているかのように扱っているからという理由もあります。ある一つの能力を改善するのが目的のテストを行っても、より全般的に賢くなるような「能力の協調性」が改善されるという保証はありません。ふくらはぎの筋肉だけを鍛えて速く走れるようになろうと思うようなものです。

脳トレゲームのもう一つの大きな問題は、思考を間違って理解していることです。認知心理学の始まり（はるか昔の一九五〇年代後半）までさかのぼると、アレン・ニューウェルとハーバート・サイモンというこの分野の二人の巨頭が問題解決の方法について研究していました。ニューウェルらは、多くの状況で問題解決のために一般的に使われる方法がたくさんあると指摘しました。たとえば、「ゴールからの逆行」という方法では、想定しているゴールから始め、そこから現在の状況にたどり着く一連の手順を見つけ出します。この種の方法は「リバース・エンジニアリング」（逆行工学）と呼ばれます。また、「山登り法」では、現在の状況から始め、現状とゴールとの差を縮めるような手順を進むものです。

ニューウェルとサイモンはこのような方法を問題解決の「弱い方略」と呼びました。この方略は使用できるようになるのにそれほどの知識を必要としません。多くの状況に適用できるものの、あまりうまくいかない場合も多いのです。ですから、他の方法でうまくいかないときに試す、頼りになる方法です。

対照的に、問題解決の「強い方略」は専門知識に基づいています。つまり、直面している問題について何らかの知識があることです。アート先生は車が動く仕組みをまったく知らないので、バットモービルならぬアートモービルに乗っていて変な音が聞こえたら、修理工場に持っていくしかありません。自動車整備士にとっていちばん簡単なのは以前に見たことがある問題ですが、見なれていない問題であっても車に詳しいので車の仕組みの知識に基づいてちょっとした診断検査を行えば、問題を見つけて修理できます。車を熟知しているので一般的な問題解決の方法に頼る必要はありません。

ここで、アート先生がボブ先生のところに車を見せに行っても、（ボブ先生はアート先生と同じぐらい車に疎いので）二人だけでは何もできないでしょう。車の仕組みについて何の知識もないので、このような状況で使える問題解決の強い方略がありません。さらに悪いことには、「ゴールからの逆行」や「山登り法」などの問題解決の弱い方略の多くを効率よく適用できるほど車を知りません。ケーブルをひねってみたり、外れそうなネジがあるか調べたりするような、本当に一般的な方法は試せるでしょう。でもこんな（たいへん弱い）問題解決方法ではたぶん状況を悪くするだけでしょう。それに、弱い方略がうまくいったとしても強い方略より解決に時間がかかります。

知性が基本的な知的能力だけではないことはわかっています。解決しようとしている領域について何かを知ることに関わる知性は「結晶性知能」と呼ばれます。「結晶性」という言葉は知識に融通性があまりない（結晶化される）ように思えてしまうのですが、実際には逆なので、私たち二人にはどうしてもこの用語が理に適っているとは思えません。解決対象の物事についての知識があると、より柔軟に行動できるようになります。

さて、脳トレゲームに話を戻しましょう。

何百万人もの人が遊ぶような脳トレゲームを作ろうとしているとします。この場合、それほど多くの人々が持っている知識を推定することは不可能ですから、ゲームを作る際に「一メートルは一〇〇センチである」、「力は質量×加速度で求められる」、「テキサス州は『ひとつ星の州』と呼ばれる」といった特定の知識を要求しない方がよいですね。そうすれば、だれでもこのゲームで遊べます。

知能検査の作成者はこれと同じような難しさに直面します。この検査を受ける人がどんな知識を持っているのか（または受ける人にどんな知識が必要になるのか）確実にはわかりません。そこで、特定の知識を必要としない課題を含む検査を作ります。脳トレゲームや知能検査の作者は何かしらの知識が必要な内容をわざわざ避け、その代わりに問題解決の弱い方略に関係した要素に焦点を当てます。（余談ですが、特定の知識を必要としない検査でも、検査で何が問われているのかを知る必要があります。このことについてはまた別の機会に。）

効率よく考える能力を本当に改善したいのなら、問題解決の弱い方略でその能力を最適化しても改善は期待できません。代わりに、問題解決の強い方略を支持する専門知識を伸ばすことが必要です。つまり、物事を学習する（そして結晶性知能を改善する）必要があります。

脳トレゲームの基本的な意図が不合理だというわけではありません。賢くなることはできますが、ただ脳トレゲームで遊ぶだけではできません。脳トレゲームが役立つのはせいぜい脳トレゲームの成績を上げることぐらいです。ゲームが楽しいのであればそれでいいのですが、賢くなるのが目的ならば、本を読んだり（今、もうやっていますね）、動画サイトやオンライン講座のビデオで学習したり、いろいろな話題の長くて詳しい記事が載っている雑誌を購読したりしてみた方がずっと役立ちます。そうすれば何か新しいことを本当に理解するまで学習できます。そうして得られた知識（つまり拡張された結晶性知能）の方が、脳トレゲームをやることで得られる作業記憶のわずかな改善よりも、人生でよりよく考え物事を進める能力を改善できるでしょう。

この章を終えるにあたり、ちょっと考えるとおかしい、でも興味深い考えをご紹介します。それは、一日に二〇分ほど空き時間があったらやっておくとよい、脳にとっていちばん大切なことは、昼寝だということです。現代社会は睡眠不足の人であふれています。脳トレゲームを二〇分間やるのなら、二〇分間昼寝をする方が脳にとってずっとプラスになるのです。それに、ただの昼寝でいいんですよ！
では、この章の格言です。

賢くなりたければ、昼寝をしなさい。

5　物を覚えるときは物語仕立てにするのは役立つでしょうか？

うーん。喉まで出かかっているんだけど。待って。待って。もうちょっと。あー、違うかなぁ……。

何かの事実を思い出そうとするとき、こういう経験がよくあるでしょう。知っているのはわかっているんだけど、頭のどこかにあるんだけど、もうちょっとで出てくるんだけど、記憶の空間が広すぎて見つからない。

グーグルやIMDb（映画データベース）を利用できる時代では、最初は思い出せずにいてもスマホを取り出して調べればすぐに答えがわかってしまうので、上に書いたようなもどかしさをあまり経験しなくなっているかもしれません。でもすぐに調べられるのになぜこのような苦しみを味わい続けるのでしょうか？雑学的知識を問われるクイズを楽しむ人にとって最高の、いちばん楽しい点は、こういった「喉まで出かかっている」状態を多く味わえるところです。典型的な「喉まで出かかっている」状態では、その情報を知っていると感じるばかりでなく、記憶から引き出そうとしている物事のいくつかの特徴を思い出すことができているこどがあります。たとえば、単語そのものは思い出せなくても、たとえばその単語の最初の文字や、それが長いか短いかなどはかなり自信を持って言えるでしょう。

この状態は次のように起こります。長期記憶に達する（雑学クイズのような）ヒントを脳が受け取ると、そのヒントに関係した個々の記憶がおどり出て（活性化して）、選ばれようとして競い合います。記憶がこのように競い合っていると、その中で一部の記憶が他の記憶を弱めます（抑制します）。雑学クイズは雑学（つまりまれにしか引き出されない、重要でない、あるいは価値のない情報）についてなので、問題と答えの関係は比較的弱く、記憶の中の競合相手は思い出そうとしている記憶を抑制するので浮かび上がってきません。そこで、概略はわかっても記憶のすべてを取り出すことができません。

多くの場合、単語や名前を思い出せないとき、思い出そうと一生懸命になればなるほど、探しているものを見つけるのが難しくなります。まるで、同じ行き止まりに正面から走ってぶつかるのを繰り返しているようなものです。痛いですね。

このような「喉まで出かかっている」状態の繰り返しから脱出する方法は直観にちょっと反するものです。それは、思い出そうとしないことです。競合する記憶のせいで脳が袋小路に入ってしまうと、うまく思い出せることはめったにありません。でも、関係のないことを考えたり、散歩したり、ちょっとした用事を済ませたりして注意をそらすと、意識が落ち着きます。後で質問に戻ると、競合相手に負けることなく正しい答えが浮き上がってくる機会が生まれます。

たびたび、別のことを考えている最中に正しい答えがひょっこりと飛び出してくることがあります。シャワーを浴びたりお風呂に入っていたりしているときによく答えが出てくるのは、お風呂に入っている間は特に周りでも何も起こっておらず、考えて行わなければならないことも、記憶から物事を引き出す必要もほとんどないからです（残念ながら、お風呂場は思い出したことを簡単には書き留められない場所ですが）。

アート先生は大学生のころに雑学クイズで、第一次世界大戦を終わらせた条約の名前を問われたのをはっきりと憶えているそうです。彼は歴史の成績はまあまあよかったのですが、クイズの答えを考えている間にはその条約の名前がまったく思い浮かびませんでした。しかし、答えがベルサイユ条約だと知らされたときには、過去にその情報を見たことがあることをすぐさま思い出しました。実際に、以前試験に出題されたときにこの名前を書いたのもまず間違いありませんでした。

では、簡単に思い出せるもの、思い出すのが難しいもの、まったく思い出せないものがあるのはなぜでしょうか？

ある情報は他の情報との結びつきが強いほど簡単に思い出せます。たとえば、アメリカ人であれば南北戦争当時の大統領の名前を忘れることはまずないでしょう。というのは、知っているいろいろな出来事にエイブラハム・リンカンの名前が関連付けられているからです。記憶を引き出す経路がたくさんあるため、こういった結びつきによって名前が簡単に思い出せるのです。一方、ベルサイユ条約とアート先生が持っている他の知識とはさほど結びついていないので（少なくともアート先生にとっては）思い出すのが難しくなります。

これで、個々の事実よりも物語の方がより記憶に留まりやすいことがわかります。物語では個々の情報がいろいろと相互に結びついています。この結びつきによって、物語とそこに含まれる事実が簡単に思い出せるのです。そのため、たいへん小さな子供でも長くて複雑な物語を苦もなく思い出せます。物語を構成する事実は他の関連する事実と結びつけられていて、その関連する事実も他の事実と結びついており、物語のそれぞれの部分が他の部分を思い出すきっかけになります。

私たちは二人とも冗談を言うのが好きで、長い間使っていなかった冗談でもスラスラと出てきます。このようにたくさんの冗談を思い出せる理由の一つは、記憶の中でさまざまに結びついているいくつかの登場人物や状況がそれぞれの冗談に含まれているからです。冗談の内容は最後に来るオチへの段取りです。オチをおもしろくするすべての要素を覚えているので、冗談全体の構造を思い出すのに役立つのです。

でも、このような結びつきだけが物語を記憶しやすくするわけではありません。私たちは、生きているなかで多くの物語を聞き、その結果、「スキーマ」というものを作り出します。スキーマとはよい物語が必然的に持っている構造または概要です。スキーマがあるため、物語の中で起こりそうなことを予測して、スキーマに関係する物事を覚える傾向にあります。

一九七〇年代初めの古典的な研究で、ジョン・ブランスフォードとマルシア・ジョンソンは物語のスキーマを示唆する題名が初めに書いてある物語を被験者に読ませました。たとえば、ある物語には「平和行進を四〇階から見る」という題名が付いていました。（こういう題名が付いているのも、この実験は一九七〇年代初めのことだからです。）物語のほとんどの部分は動き回る群衆、テレビカメラ、演説についてでした。ただし、物語の途中で「着陸は穏やかで、大気は特別な服を着る必要がないほどだった」というおかしな文が現れます。この文を読んだほとんどの人は、これが平和行進のスキーマの他の部分と合わないので、まったく理解できませんでした。そのため、読んだ物語を思い出すように後で頼むと、この特定の文はまったく思い出せませんでした。

次に、別のグループに同じ物語を読ませましたが、今度は「未開拓の惑星への宇宙旅行」という題名だと伝えました。このグループはこのおかしな文を完全に理解でき、平和行進について読んでいると考えていた被験者よりもこの文を思い出す確率が高かったのです。

物語を読んだり聞いたりしたときや人生で出来事を経験したとき、私たちはそれまでに培ってきたスキーマに照らし合わせて物語や経験を理解します。スキーマは出来事のどの部分を理解できるかばかりでなく、後にその出来事について何を覚えているかに影響します。

なじみのない状況を経験すると、すでにあるスキーマに当てはまらない面よりも当てはまる面に注意を払う傾向があります。同様に、自分のスキーマと一致した詳細を覚えるのに注意を向けます。スキーマに当てはまらない物事は記憶から抜け落ちることがよくあります。（適切なスキーマの順序で起こった出来事と比べると）普通ではない順序で起こった出来事は、普通に経験する順序に記憶の中ですり替えられてしまうことがあります。過去の出来事を思い出すとき、起こっていない部分に詳細を入れてしまう場合もあります。

時が経つにつれて、実際にはその物語がそのスキーマに当てはまらない場合でも、すべての記憶は変形されて典型的なスキーマに似た形になりがちです。脳はなぜこのように振る舞うのでしょうか？　出来事を起こったまま記録して、細かい部分まで忠実に保存しないのでしょうか？

未来の世界を解釈するのに役立てるのが記憶の目的だというのに気づくことが、この疑問に対する答えを理解する最初の段階です。私たちは、遭遇するすべての現在の出来事に、次に何が起こるかを予測するのに役立つスキーマを当てはめます。

たいていの場合、過去の経験や聞いた物語を思い出すとき、新しい状況で何が起こるかを予測するのに十分なほど思い出せさえすれば、細かい部分をすべて正しく思い出す必要はありません。ですから、ビデオ録画とは違い、過去の出来事について系統立った記憶違いをします。ただ、そのような間違いは往々にして否定的な結果はもたらしません。

記憶を呼び起こす際には、まるでそのときに考えられうるすべての情報から目的の記憶を探しているように感じるでしょう。たとえば日曜日の朝に家族と一緒に取った朝食の記憶を考えてみましょう。朝食を取ったという経験には食べ物の味、イメージ、匂い、音、会話、動き、感情など記憶の断片がたくさん含まれています。朝食のことを考えると、このような断片のすべてが整理されて編み込まれているように思われます。ここで気づかれていないのは、思い出すときにはこういう断片が、脳内で蓄えられているあちこちから寄せ集められて、記憶としてまとめられる必要があるということです。何を思い出すにしても、脳では毎回このような作業が行われているのです。

スキーマは脳が記憶の断片をくっつけるのに役立つひな形を作ります。記憶が出来事をありのままに記録することは（決して）ないので、首尾一貫した物語を記憶から作るには多くの細かい部分で埋め合わせをすることが必要です。このとき、スキーマの一つを使って埋め合わせます。その結果、実際には起こっていない物事を思い出してしまうのです。

未来の予測に役立つならば、一般的なスキーマに関連した別の出来事からの情報を組み合わせる傾向もあります。進化という観点からは、これは理にかなっています。いちばんよく予測ができた生物が生存できたのであり、このような予測が一回の経験に基づいているのか組み合わされた複数の経験に基づいているのかは実際には関係ありません。ただし、この傾向は自分では気づかない重大な間違いを引き起こすこともあります。正確な記憶が頼りとなる、目撃者が証言するような状況では特に重大です。

エリザベス・ロフタスらは実験の参加者に衝突を映した映像を見せました。映像を見た後、被験者は事故について書き、質問に答えました。質問ではグループによって車の速度について異なる単語が使われていました。あるグループには「ぶつかった」（hit）という単語でどれくらいの速度だったかと質問しました。別のグループには「ドンとぶつかった」（bump）という単語（衝突時の速度が遅いことを示唆）で、もう一つのグループには「ガッチャーンとぶつかった」（smash）という単語（衝突時の速度が速いことを示唆）で車の速度についての質問をしました。

速い速度で衝突したことを示唆する単語（「ガッチャーンと」）を聞いた被験者は、遅い速度を示唆する単語（「ドンと」）を聞いた被験者よりも車が速かったと言いました。

次に、事故の後に車のガラスが割れたかどうか尋ねました。映像ではガラスが割れるシーンはなかったのに、高速を示唆する単語を含む質問をされ、高速で衝突したと見積もった被験者は、割れたガラスを見たことを「覚えて」いました。一方、低速を示唆する単語を含む質問をされ、低速で衝突したと見積もった被験者は、割れたガラスを見たことを覚えていませんでした。

映像を見た被験者は、記憶で活性化されたスキーマからすれば妥当と思われることを思い出しがちです。車が「ガッチャーンと」ぶつかれば普通はガラスが割れますが、「ドンと」ぶつかってもそうとは限りません。思い出すべきガラスの記憶が実際になくても、記憶の構造を形作るスキーマが、車は「ガッチャーンと」ぶつかればガラスが割れるはずだということを暗示しています。この研究やこれに似たその他多くの研究は、情報を思い出すとき（視覚や言語など）別々の様式の経験からの情報を統合し組み合わせて一つの物語にすることがよくあることを示しています。

ここまで述べてきたのは、物語を理解するとき、過去に見聞きした物語の知識を助けとして使うということです。この知識はスキーマの形をしており、後で思い出すことに影響します。記憶から物語を取り出す場合、思い出したことは不正確です。なぜなら、その物語を最初に体験したときにスキーマを使って予測をしたから、またその同じスキーマが記憶を再構成するときに含めることに影響を与えるからです。

このように不正確であってもそれは取るに足りないことで、物語はまったく異なる部分を一緒に編み込み、何かつじつまが合いそうなものを形作るのに役に立ちます。こういったつながりや、つじつまを合わせる能力のおかげで、私たちは、断片的な情報を脳内に詰め込んだとき以上に、物事を思い出すことができるのです。

記憶を呼び戻すとは実は過去の経験の保存された部分を再構成する行為であるとわかれば、もっとも確実だと感じていることについても（おそらく確実だと思うからこそ）記憶が事実に忠実なのかと少しだけ疑う方がよいでしょう。

でも、これは覚えておきましょう。

記憶は、正確でなくても役に立つ。

6　痛みには解釈の余地があるのでしょうか？

私たち二人のように音楽が好きでよく聴くのなら、痛みについての歌が山ほどあることにおそらくお気づきでしょう。（二日酔いについての歌のように）肉体的な痛みの場合もありますが、現代の吟遊詩人のほとんどが歌うのは感情的な痛みで、愛情や喪失感からくるものがよくあります。痛みは人間の経験でも普遍的なものですが、そもそも痛みとは何でしょうか？

肉体的なケガからくる痛みの感覚は、身体の一部が切られたり、焼けたり、引き伸ばされたり、折り曲げられたり、折られたりして危険な状態になったときに活性化する、体中に張り巡らされている痛みの受容器（痛点）で始まります。痛みの信号が脊髄に達すると、別の信号が発生して下流の経路を筋肉まで超高速で伝わっていき、痛みの原因になっている場所から離すように筋肉を収縮させます。意外なことに、信号が上流の経路を通って脳へ伝わり意識上に痛みの感覚が生まれる前に、この反応が起こります。つまり、意識上にやけどを感じる前に、高熱のコンロから手を引っ込めています。こうして、できるだけ素早く身体を守るための行動を取ります。

痛みのメッセージが脳に達すると、痛みは脳が持っている身体の地図に割り当てられます。ほとんどの場合、この割り当てはたいへん正確です。指を針で突くと、突かれた場所に痛みを感じます。でも時折、普通は痛みを感じることがない部分が痛みの元になっている場合は特に、割り当てはそれほど正確ではありません。このような場合、痛みは身体の別の部分に差し向けられます。これが、心臓は胸の中心にあるのに心臓発作を起こした人の左腕が痛むという映画でよくあるシーンの理由です。

痛みが脳で処理されるので、身体にはもう存在しない手や足に痛みを感じることさえもあります。事故や戦争、病気で手足を失ってしまった人にとって、失ってから長い間経ってもその手足の感覚を持ち続けるのは普通のことです。このような感覚の中でももっともひどいのは「幻肢痛《げんしつう》」と呼ばれるもので、これは失われた手足に起こる本物の痛みの感覚です。腕がけいれんを起こして、失っている手が拳を作るように丸まる感じがすると訴える人もいて、それは爪が手のひらに食い込むような痛みだと説明します。どうしてそんなことが起こるのでしょうか？

人間が持つ多くの感覚の中でもアート先生のお気に入りは「固有受容感覚」という、空間にある自分の手や足の位置を監視する感覚です。この感覚のおかげで、わざわざ見なくても自分の腕や足がどこにあるのかがわかります。どこにあるかを感じることができるのです。失った手が丸まって拳ができるという感覚を切断患者が持つには、手足がどこにあるかを固有受容感覚が患者に知らせる必要があります。手がなければ拳を開くこともできないので、この不快な幻肢痛を止めることは難しいのです。

神経科学者V・S・ラマチャンドランは切断患者に関する多くの研究を行っていて、幻肢痛を経験している人たちの役に立つ独創的な方法を開発しました。切断患者が失った手足があるはずの場所に逆側の健常な手足が映るように、何枚かの鏡を置きます。そして、たとえば失った腕があるはずの場所を見せながら（つまり鏡に映った健常な腕の像を見せながら）、切断患者に健常な手を開いたり閉じたりさせて、失った腕にあるはずの手を開いたり閉じたりしていることを想像するように言います。こうして肉体的感覚を伴う、失った手を開いたり閉じたりする視覚的感覚を生み出します。この作業は実際に幻肢痛を和らげるのに役立ちます。

では、どうしてこの方法が役立つのでしょうか？

脳には感覚地図と運動地図という二つの地図があります。感覚地図により脳は感触、熱、痛みを身体のどこで感じているかの見当をつけます。運動地図により脳は身体のどの部分が動いているかの見当をつけます。手足が失われていてもその手足の感覚地図と運動地図は脳に残っていて、失われた手足の感覚領域が活性化すると、脳内でその場所に割り当てられている、失われた身体の部分からの感覚として認識されます。失われた手足の視覚的情報を切断患者に与えるので、ラマチャンドランの手法は有効なのです。患者が鏡に映った部分を見ると、失われた手足に対する感覚地図と運動地図が活性化され、痛みが和らぎます。でも、脳という器官を動かすにはたいへん大きな労力が必要で、何の役にも立っていない地図が占めている皮質の領域は時が経つにつれて小さくなる傾向があります。最終的に、失われた手足に割り当てられていた地図は小さくなっていき、脳のこの領域は身体の別の部分からの入力に割り当てられ始めます。

状況が痛みの強さにどの程度影響するかを考えるのは興味深いことです。一〇歳の子どもが家で裸足で遊んでいるとき椅子につま先をぶつけて泣き始めると、母親がなだめに来るまで泣き止みません（こんなとき、アイスクリームが痛み止めとして効果的なことが多いですね）。でも同じ子どもがフットボールで三人の友だちにタックルされて地面に倒されても、すぐに起き上がって次のプレイの準備をするでしょう。膝に擦り傷があったとしても気にしません。

実験から証明されたのは、人が痛みと思っているものには身体的な要素——感覚そのもの——と、痛みが起こす苦しみの程度を反映する「感情的な」要素の両方があることです。モルヒネなどの鎮静剤は興味深い薬です。というのは、それ自体は痛みの感覚を実際には鈍らせず、痛みをより耐えられる程度にするだけだからです。慢性的な痛みに悩まされている人を対象にした研究で、被験者の一方のグループにはモルヒネ、もう一方のグループには偽薬（薬を含まない生理食塩水）を点滴で投与しました。研究中の一定期間、被験者はどれほどの痛みを感じるか、その痛みがどれほど気になるかを述べました。偽薬の点滴を受けた被験者では両方の程度はほぼ同じでしたが、モルヒネを投与すると興味をそそることが起こりました。痛みを感じる程度は同じなのに前ほど痛みが気にならないというのです。痛みは感じても苦ではなくなります。

このことから言えるのは、いわゆる痛みは身体的感覚だけでなく、痛みの「感覚的」な部分は痛みの受容器から発せられる信号の強さと正確には比例しないということです。多くの偽薬が効果を示すのは、身体的な痛みを示す信号が脳で解釈される必要があるからだと部分的に説明されています。具合がよくなる活動を行っていると信じれば、受けている治療に有効成分がなくても具合がよくなり始める場合がよくあります。また、過去に治った経験があることを始めれば、脳は何かがおかしいと気づくことなく、痛みの信号が減少したり取り除かれたりします。

この効果はイブプロフェンのような鎮痛剤を飲んだときなどによく見られます。多くの人は、薬に含まれる化学物質が実際に効果を示すより早く痛みが軽くなったと感じます。たとえば、イブプロフェンが胃の中で溶けて血流に入り、物理的に痛みに作用するには一般に二〇から三〇分ほどかかります。でも、多くの人は数分で具合がよくなり始めます。これは、脳が痛みを軽くするのに役立つ何かをした――援護部隊がもうすぐ到着する――と認識し、痛みの信号を和らげるからです。

偽薬について奇妙なのは、どうせ「気のせい」だとその効果を疑いがちなことです。しかし研究では、本物の薬か偽薬かにかかわらず、痛みを和らげるという「期待」に反応して、脳が痛みの感覚を和らげる化学物質を実際に放出し始め、偽薬効果が出ることがわかっています。偽薬が生んだ和らぎの期待が変換されて、実際に痛みを和らげるという点で、偽薬は本物の薬と同じ効果があります。

では、いろいろな歌手がささやくように優しく、物悲しく歌っている痛みはどうでしょうか？　物語や歌に出てくる感情的な痛みは、ほとんどの場合、例えを使って表現されていますが、この表現法はいつでもだれもが知らず知らずのうちに使っています。責任の「重さ」、存在の「軽さ」、急な「坂を登る」ような知的難問、世界の「頂上」にいる気分、「どん底」まで落ち込んだ気分、「もろい」自我、「鉄の」意志といった表現は普通に使われます。感情には方向もあり、しばらく気を「落とす」、状況が「上向き」になるという表現があります。

おそらく、愛の痛みは単なる例えで、実際には身体的な痛みなどないのでしょう。でも本当にそうでしょうか？

ある研究で、辛い破局を経験した被験者に自分が経験したことを内省するように依頼しました。一部の被験者には実験の始めに鎮静剤を与え、別の被験者には偽薬を与えました。鎮静剤を与えられた被験者は偽薬を与えられた被験者よりも、破局についての不快感が小さいと報告しました。これは、破局の感覚が本当の身体的痛みを伴うことを意味しています。さらに、また別の研究では、鎮静剤で肯定的な感情と否定的な感情が両方とも実際に鈍ることが示され、どんなことに対しても感情を薄れさせるのが鎮静剤の効果なのかもしれません。

いずれにせよ、このような研究の結果から、心の痛みはまさしく本当の痛みなのだということがわかります。

心の痛みは本当の痛み。

7 学校での教え方は子どもの学び方と合っているのでしょうか？

私たち人間のほとんどは、独り立ちして社会に貢献する準備ができるまでに一五年から二〇年の訓練期間が必要ですが、将来遭遇する可能性のある環境について学び、上手に舵を取って進むために必要な構造は文化から得ます。たとえば、生まれたばかりの赤ちゃんは高いところが危ないという認識がありません。なぜなら、幼児はおそらくまだ自分で動き回ることができないからでしょう。幼児は一般に他の人に抱かれたり背負わされたりして（地面から一メートルほど上のところで）運ばれることを考えると、もし高所恐怖症が生得的なものだとすると、ほとんどの幼児は怖さをしょっちゅう感じていなければならないはずです。親がふざけて「高い高い」を毎日やっていても子どもはキャッキャと喜ぶということは、高いところは平気なようですね。

でも、赤ちゃんがはいはいを覚えると、その世界はガラッと変わります。この時期になると高いところが危ないかもしれないということを覚えるのが重要になります。怖いもの知らずだった幼児がどうして階段を怖がるようになるのでしょうか？

高さを認識する能力を調べる古典的な方法では、「視覚的断崖」という装置を使います。これは二層になっていて棚状の平面とガラスで覆われた一・五メートルほどの高さの崖から成り立っています（大人向けの視覚的断崖は「ガラス床」などの名前で高層ビルの展望台やグランドキャニオンにもあります）。はいはいを覚え始めたころは何の疑いもなく崖が見えているガラスの上に乗りますが、覚えてから数か月になると崖が危ないかもしれないということを察するようです。崖の縁《へり》まで這っていき覗き込むと、後ずさりしていきます。
高いところが問題かもしれないとうすうす感じると、赤ちゃんは大人がいる方を見上げてどうすればよいかと助けを求めるような合図をします（これは「社会的参照」として知られる行為です）。視覚的断崖を使ったある研究では、母親を装置の反対側（崖を挟んだ側）に座らせて、赤ちゃんを棚状の部分で自由にはいはいできるようにしました。崖の縁に来ると、赤ちゃんはどうすればよいかと助言を求めるように母親を見ました。このとき、赤ちゃんが視覚的断崖に近づいたら恐怖の表情を見せるように母親に指示しておきました。すると、赤ちゃんは縁から離れるように後ずさりしました。別の母親には赤ちゃんが縁に来たらニコニコ笑って励ましの声を掛けるように指示しておきました。すると、赤ちゃんは引き続きはいはいをして縁を越えてガラスの部分に乗りました。

西洋の社会では、親や周りの大人たちは赤ちゃんやよちよち歩きの子どもの世話を直接し、子どもは注目されることを楽しみます。おもしろいのはこの行動様式が世界共通のものではないことです。大人が子どもをあまり構わない文化では、子どもは主に観察から、また年長の子どもとの交流から学習します。このような文化では、子どもは大人がやることを見て、それを（たぶんおもちゃなどを使って）自分なりに模倣するのです。

ある社会のすべての構成員が基本的な知識を共有していて、この知識は親、兄弟姉妹、友だちだけでなく、学習のための制度でもって伝えるべきであるという考えは学校の発展につながりました。学校とはある意味、学習工場です。西洋の工業化が成功したため、学習を体系化できるという知見がさらに進み、教育の規模を拡大しても、学年に分かれて教室、校舎で一緒に学習する大きなグループの子どものためになるという自信が植え付けられました。

工場では効率が優先されます。子どもたちを空の容器と考え、知識と技術で埋めようとするなら、典型的な学校の構造は結構いいアイディアだといえるでしょう。でも、子どもたちは知識と技術を注ぐ必要がある空の容器ではなく、自分なりの考え、経験、感情、願望、動くことができる肉体を持っている好奇心にあふれた人間なのです。そしてこのような特徴は子どもたちが覚えること、学習することに重要な役割を果たします。

学校制度の伝統的なモデルは、学習する準備が整った子どもの脳を埋める最良の方法は、本や講義、映像、録音などあらゆる種類の媒体を使って話したり見せたり説明したりして情報を与えることであるという前提に基づいています。でも、多人数の学習者のグループに学習内容を伝える効率を最大化しようとすると、何かを発見しようとする子どもの自然な熱意という学習に不可欠な要素を取り除いてしまうことがよくあります。子どもたちを並んで座らせ、賢い大人が物事を説明するのを聞かせるのは、若者が持つ二つの大切な面、つまり社交的で、多動的だという面を無視しています。教室での交流活動のほとんどを学生と教師の間の交流が占めるようになると、学生同士で交流して学習することの利点を失います。一見すると無意味な遊びのようなものでも、実際には深く学習する過程です。物事を覚えたりそれを復唱したりするのは十分ではありません。学習者同士で社会的交流をさせると混乱を引き起こすことになりますが、それは生産的で、協力的で、やる気を引き出すような混乱です。この種の交流で起こる混乱は効率が悪く思われますが、学習には必要不可欠です。

長い間黙って静かに座っているのは子どもの活動としては不自然です。実際、教師の多くは長い時間を割いて、動いたり何かをしたりといった子どもが本来持っている性質を抑える手助けをします。当然のことなから、規律正しい教室は魅力的ですが、効果的な学習に必要不可欠な要素を抑制します。奇妙なことに、アメリカでは子どもが座ってばかりだと懸念されながらも、学校の時間のほとんどは座学で、体育で体を動かすのは断続的で、休み時間は猛勉強からの「中断」として考えられているのです。でも、身体的活動は学びの中心にするべきです。

知識があるのは頭の中だけではありません。「身体化された認知」という分野では、ほとんどの概念は少なくとも部分的にはその概念を使ってみることで理解できると考えています。科学では、学生が振り子を理解するのに振り子で遊んだり、糸の長さや錘《おもり》の重さを変えたりして、動きがどう変わるかを見るのは重要です。数学の指導ではブロックや実際に動かすことができる物を使って子どもが桁位置を学習する手助けをするという長い歴史があります。このような指導法は、教えようとしている重要な数学の概念と子どもが行う動作の間に、関係を持たせる教師の意思が明らかなときに役立ちます。これは新しい考えではなく、すでに一世紀以上も前に哲学者のジョン・デューイ、数学者のアルフレッド・ノース・ホワイトヘッドらが概念学習での身体的動きの大切さを繰り返し唱えていました。

この章を終えるのにテストについてお話しせずにはいられません。テストは学校教育のあちこちで使われ、今でも公に討論されるトピックです。学習者が理解していることや、それを使ってできることを評価するのには多くの正当な理由があります。研究結果では、テストは明らかに学習の助けになります。というのは、学生はテストに向けて勉強をしますし、以前処理したことがある情報は再び必要になると脳に気づかせるのにテスト自体が役立ちます。

とはいえ、テストの成績が悪くて怒られるのが嫌だから勉強するというのが学習の主な動機になっているなら、これは問題です。多くの子どもは、学校では次回のテストまで物事を記憶しておいて成績がよければそれでいいと感じ始めています。

学校で「やる気がない」と判断されている多くの子どもは、ビデオゲームで遊んだり、ギターを習ったり、ラップがさらにうまくなることに時間を掛けます。このような子どもはやる気がないのではなく、学校が求めていることに対してやる気がないだけなのです。

教育界のリーダーたちは座って聞いているだけの学習モデルから、動いて行動を起こす学習モデルへ移行を始めています。これは、最先端の考えだからではなく、学校が満たすように設計されている目標に達するのに効果的だからです。好奇心旺盛で、没頭していて、楽しそうな学習者の心を発達させるのがその目標です。

私たちは二人とも楽器を演奏しますが、練習をやる気にさせる鍵はうまくなっている（またはうまくなっていない）のがその時その時でわかることです。自転車の乗り方、砂の城の作り方、野球のバットの素振りの仕方を学んでいる人のやる気を維持させるのも同じです。費やした努力の量とそれに合った見返りの関係に気づくのは、やる気を起こさせる強力な要因で、達成したときの喜びを経験させるのがコツです。

テストで不合格になるのを避けることだけがやる気の元だと、経験できるのはせいぜい安堵（「ヒャー、疲れた」）だけでしょう。一方、克服できる課題や複雑な問題に苦しみ、それらを克服したときは、安堵とは別の感情（「オォー、やったぞ」）が生まれ、これが次の課題へと駆り立てます。自分の知識とその知識を課題に応用して解決できることを自分に対して証明する機会が頻繁にあると子どもは、勉強は大切で、はなまるや好成績をもらうためだけのものではないとわかるようになります。人間は生まれながらにして学習する動物ですが、すべての学習環境が人間の潜在能力を十分に利用しているわけではありません。ある意味、学校をより効果的にするには、より非効率的にする必要があるのです。

本当の学習には混乱がつきもの。混乱を進んで利用しよう。

8　早口言葉を噛んでしまうのはなぜでしょうか？

She sells seashells by the seashore.（シーセルズシーシェルズバイザシーショア）
Peter Piper picked a peck of pickled peppers.（ピーターパイパーピックトアペックオブピックルドペッパーズ）
I saw Susie sitting in a shoeshine shop.（アイソースージーシッティングインアシューシャインショップ）
He slit a sheet, a sheet he slit, upon the slitted sheet he sits.（ヒースリットアシートアシートヒースリットアポンザスリッテッドシートヒーシッツ）

最後のはアート先生が中学一年生ぐらいのころに流行ったものです。三回早口で言ってみればどうしてかわかるでしょう。

ラジオ番組をやっていると、言い間違いがたいへん気になり、あることを言おうとして別のことを言ってしまっている場合が何と多いことかと驚かされます。言い間違いはいろいろな形で起こりますが、言い間違いの種類がわかると、早口言葉の仕組みを説明するのに役立ちます。

言語を構成する個々の音声は「音素」と呼ばれます。言語のすばらしい点は、それぞれの言語が比較的少ない数の音素を使ってすべての語彙を作っていることです。それぞれの単語は音素の特定の組み合わせから成り立っています。

音素には母音《ぼいん》と子音《しいん》があります。母音（ア、イ、ウ、エ、オ）は声帯の振動で発生させ、口、唇、喉の形状に基づいて区別されます。この形状は音が頭の中で共鳴する仕方に影響します。

子音は喉、歯、唇、舌を使って声道を閉じたり声道の形状を変えたりして発生させます。たとえば、「s」音は舌を口蓋に近づけて舌の上に息を強く出します。「sh」音もシーッという息の音を使いますが、唇は前方へ行き、舌の中央が口蓋の方向に動いて、「s」音とは異なる形状と空気の流れが作られます。

個々の音素が組み合わされて音節が作られますが、音節の多くは「sat」、「sag」、「cat」のような子音・母音・子音のかたまり（時に「CVCクラスター」と略されます）です。どの音にも少なくとも母音が一つ含まれ（「a」、「I」、「oh」などの語はすべて音節）、母音一つと子音一つが含まれる音節（「be」、「at」など）もありますが、多くの音節は母音があり子音が最初と最後にあります。

CVC音節の先頭の子音を「頭子音」と呼び、残りの母音と子音を「押韻」とよびます（英語で「ライム」（rime）といい、韻を意味する「ライム」（rhyme）と韻を踏むということを指摘するのが、ボブ先生は好きです）。音節の構造は心理学的にはC－VCという略を使うのがより正確でしょう。というのは、頭子音（C）は音節の押韻の部分の音素（VC）よりも結びつきが弱いからです。この頭子音と押韻の関係で、（「sat」と「cat」のように）語の後ろの部分の韻の方が心地よく、（「sat」と「sag」のように）最初の子音と続く母音が共通していても韻を強く感じないというのを説明できます。ほとんどの言い間違いは音節の頭子音に影響します。

私たちは時々、次の単語で必要な音声を間違って発してしまいます（「bad dog」と言うべきところを「dad dog」と言ってしまう）。ある場合には、前の語の音を引きずってしまいます（「bad dog」と言うべきところを「bad bog」と言ってしまう）。また、二つの音節からの音を入れ替えてしまいます（「dad bog」と言ってしまう）。このような入れ替えはよく起こるので、「語音転換」とか「スプーナー誤法」という名前まで付いています。これはこういった言い間違いをよくしていたといわれる英国オックスフォード大学のウィリアム・アーチバルド・スプーナー牧師にちなんでいます。

話の中でこのような言い間違いを起こす要素はたくさんあります。早口で話すほど、脳が口、舌、歯の動きを計画する時間が短くなります。一つの文に似たような音をたくさん使うと、どの音をどの位置に置くかの計画が特に難しくなります。

早口言葉として使われる文は隣同士の単語で音が入れ替わるような、特定の言い間違いを起こすように作られています。交互に入れ替わる音を単語の最初に置いて、その音が属している音節から分離して隣接する音節に移動する可能性を高めています。「She sells seashells by the seashore」という文では、「she sells」、「seashells」、「seashore」が似た構造を持っていますが、それぞれの語または句で頭子音が二つの音節で入れ替わっています。この言葉によるチャレンジは、「s」音と「sh」音を出すのに必要な口の位置も似ているのでさらに難しくなっています。

早口言葉よりもさらに複雑な、他の種類の言い間違いがあります。読者のみなさんの中には家族の名前を思い出すのが瞬間的に難しくなることを経験した人が多いでしょう。親が階段の下に立っていて上の階にいる子どもたちを呼ぶのに、子ども全員（とたぶんペット）の名前を一人ずつ呼んで最後に正しい名前にたどり着くというのはよくあります。

名前は特別です。私たちが使う単語のほとんどは物の部類に適用します。「猫」という語はその部類全体を指しますが、「タマ」という名前は特定の猫を指します。名前を思い出すのが難しいのは、一部には名前が特定の人のみを指し、その人とその人に割り当てられた名前との間にははっきりとした理由がないからです。自分が知っている人たちはグループ（同じ家に住んでいる人たちなど）に分かれていて、その人たちの名前をまとめて覚えてしまい、だから時々子どもの名前を他の家族の名前と混同してしまいます。

定義を知らないために単語を間違って使う、という別の種類の言い間違いもあります。これは「マラプロピズム」と呼ばれ、アイルランドの劇作家リチャード・シェリダンの十八世紀の戯曲に登場する「マラプロップ夫人」にちなんでいます。マラプロピズムでは、だれかをほめるつもりで「I thought he did a perfectly superfluous job.」(彼はまったく不必要な仕事をしたと思う) という文を使います。ここでこの文を話した人は「superfluous」という語は「不必要な」という意味だということに気づいていません〔訳注:「superb」(すばらしい) と間違えている〕。(ボブ先生はたびたび、ラジオ番組でアート先生が「superfluous」な仕事をすると思っています。)

また別の種類の言い間違いでは、単純に間違った単語を引き出してしまうことがあります。これはよく「フロイト的失言」と呼ばれ、特定の単語を選んだのは潜在意識でその単語を言うつもりだったからだと仮定されます。昔の冗談にこういうのがあります——「私がかかっている精神科医がこういったんだ。『If it's not one thing it's your mother.』」〔訳注:元の文は「If it's not one thing it's another.」で、訳は「問題が一つ解決すると、次の問題が出てくるものだ」。冗談では「次の問題」を「母親」に変えている。〕

精神科医のフロイトは潜在意識にある欲望の複雑な理論体系を提唱しました(が、この理論体系を支持するには実験に基づく証拠がほとんどありません)。でも、ある文の中で特定の単語を別のものといい間違えてしまったならば、その単語はいずれにしても話している人の作業記憶に入っていたことになります。一つ考えられるのは、文脈によって示された可能性です。駅でぼんやりと列車を見ていると、列車について考えているので「列車」という単語が文章に入ってしまうことがあります。ある考えに悩まされていて、それについて思いを巡らせていると、全然関係のない文章なのにその思いに関係した単語を言ってしまう可能性があります。でも、すべての言い間違いが隠された深い思考を反映しているわけではありません。

最後に、ほとんどの言い間違いは単語の発音や定義についての間違いではなく、文章の構造自体についてのものだということは指摘するに値します。思考とは常に次から次へと出てくるもので、言いたいことを途中で変えてしまうことも時々あります。

書き言葉は考え抜いて編集を加えるものなので、普通はとても整然としています。しかし、生の会話ではこのような編集は臨機応変に起こります。不思議なことには、話されている文章が何回止まったり、再開したりしているのか気づかない場合がよくあります。文章を言い始めて、途中で止めて、言葉を何度か繰り返します。文章の途中で止まったり再開したりします。もちろん、聞いているときは話の意味に注意していて、単語や文章の構造にはあまり注意を向けていないので、多くの会話で文章がいかにちぐはぐかに気づくことはまれです。

ラジオ番組の出演者にとってはいつものことですが、自分の話を録音してみると、文章が止まったり再開したりしているのがすべて聞こえます。自分では話がうまいと思っている人だと、話の質を落とすような間違いを聞くのはつらいかもしれません。でも人生では、意味が明確になるように、文法的に忠実なように編集された台詞の通りに話すことはないのです。

言い間違いは人の常、巧妙な早口言葉は神の業。

9　マルチタスクをするとより多くの仕事を片付けられますか?

たぶん、読者の中にはマルチタスクが現代社会でたいへん重要なスキルだと考えている方がいらっしゃるでしょう。あまりに忙しすぎて一度に一つのことしかやらないのは時間がもったいない、いくつかの仕事を同時にこなさないとすべての仕事を終わらせるのは無理だ。それにメール、テキスト・メッセージ、インスタント・メッセージも来るし……。

おい、フェイスブックにかわいい猫の動画が投稿されたよ。あーーーー。

あ、すいません。どこまでお話ししましたっけ?

そうそう、マルチタスクですね。

たぶん、読者の中にはマルチタスクが現代社会でたいへん重要なスキルだと考えている方が……

待って、これはもう言いましたね。

OK、何があった?

以上、私たち二人がマルチタスクをしようとするとどうなるかのちょっとしたデモを読んでいただきました。全然だめですね。

マルチタスクをすると、やろうとしているさまざまなことに脳がその能力を振り分けると考えられるかもしれません。電話をしながらネットサーフィンをしているとき、おそらく脳の四〇パーセントはウェブをチェックしていて六〇パーセントは会話に使っているでしょう(電話の相手や画面の内容によっては割合が変わるでしょうが)。

でも、マルチタスクは本当にうまくいっているのでしょうか？

一言で言うと、違います。

おそらくもうお気づきかもしれませんが、目は一度に一か所にしか焦点を当てられません。テキスト・メッセージを打ちながら運転しようとしている人（つまり、常軌を逸した人）は道路を見ているときには電話を見ることができず、電話を見ている間は道路を見ていません。でも、この考えは視線だけの問題ではありません。前にもお話ししたとおり、人間は目ではなく脳で物を見ているのです。目は単なる光受容器で、そこから信号を送った先の視角野で、実際に物を見るという行為が行われるのです。

実は、処理中のタスクに関係した何かを見ているときに、同時に処理したい別のタスクに関係した新しい情報が目に入っても、新しい情報にはまったく気づかないことがあります。実際にその情報に目を向けていても見えません。また、実は複数のことを同時に聞くこともできません。見ることと同様に、人間は耳でなく脳で音を聞いているのです。

注意についての古典的な実験で、被験者は右耳と左耳に別々の信号を再生するヘッドホンを装着します。左耳の音は本からの一節で、右耳の音は七つの単語のリストを繰り返しているものです。両方の耳に入る音を聞いている間に、被験者は左耳から聞こえる音を繰り返すように指示されます。それには左耳から入ってくる音に特に注意を向ける必要がもちろんあります。

このような研究の最後に、右耳で再生されていた語を覚えられた人はほとんどいません。この場合、脳が左耳からの入力に集中しようとするのに忙しく、音声の一つの流れに集中しているともう一方で起こっていることを聞くのがほとんど不可能になります。

驚くかもしれないのは、意識は本当の意味でのマルチタスクをほとんど行っていません。これは「マルチタスク」を「厳密に同時に二つ以上の物事に注意を払う」と定義した場合です。意識ができるのは注意を高速で切り替えることで、二つ以上の物事に注意を払っているように見えますが、実際には一度に一つだけに注意を払って、それからもう一つへと素早く注意を切り替えているだけなのです。

脳は、人間が世界を正確に理解して、状況に効率よく行動するのに役立つように進化しました。感覚システムと行動システムには制約があり、視線をどこに動かすか、注意をどの音に向けるか、物事を行うのにどのように身体を動かすかを決定する思考の側面に、脳が優先順位を与える必要があります。「実行機能」と呼ばれる脳機能のまとまりが、その環境にある多くの仕事の中からどれに集中するかを選びます。これは、現在処理中のことを完了するのに脳が感覚システムと運動システムを働かせる準備をする仕組みです。マルチタスクをしようとした場合、実行機能を一つのタスクから別のタスクへと無理やり切り替えます。

残念ながら、タスクを途中で切り替えるのは、一つのタスクに集中し、完了し、次のタスクに移るよりも効率がよくありません。会議や授業に注目しているときのように、少なくとも一つのタスクが進行中(時間に依存する)の状況で、注意を切り替えるのは特に問題があります(特に退屈な会議では)。会議中にメールをチェックすることは確かにできますが、メールを読んだりメールに返信したりするのに集中していると、そちらの行動に気を取られている間に会議で起こったことにまったく気づかなくなります。その間のことは聞き逃しています。

もちろん、会議というのはほとんどがノロノロとして効率が悪いので、会議中に「時間を有効に使いたい」と思って別なことをしていても、悪い結果が起こるとはめったに感じません。問題なのは、重要なことがいつ出てくるのかあらかじめわからないことがしばしばあり、会議中の二分間で何か重要なことが実際に起こったときにたまたま注意を向けていないと、運が悪かったと考えるしかないということです。

切り替えるタスクが、会話や会議、運転などの常に注意を向けていなくてもよいものであってもマルチタスクには問題があります。なぜなら、あるタスクから別のものに注意を切り替えるときはいつでも、「切替コスト」が発生するからです。一つのタスクを離れて別のタスクに注意を向けるときは、たとえほんの短い間であっても、作業記憶から情報を削除して、切り替えたばかりのタスクに作業記憶を向ける必要があります。前に行っていたタスクに戻るときは、最後に注意を向けていたときに何をやっていたかを思い出し、(作業記憶の内容を置き換えて)もう一度やり直す必要があります。さまざまなタスクから離れてまた戻る際に必要な、作業記憶の内容のやり直しには、時間、努力、エネルギーが必要です。また、正確さと効率も落ちます。複数のタスクをうまくさばいているように思えても、実はたぶん時間を無駄にしているでしょう。もちろん、効率が落ちると間違いをする可能性が高くなり、状況はさらに悪化します。

複数の物事を同時に行うことは確かにできます。でも、複数の物事に同時に注意を集中することはできません。

親ならだれしも、テレビ番組やビデオゲームに夢中になって、はるか彼方、地平の向こう側にいるとさえ思えてくる子どもに話しかけようとしてイライラした経験があるでしょう。こちらの声が聞こえているはずなのに、なぜあんなふうに無視することができるのでしょうか? まあ、少し考えてみると、何かをわざと無視するには実際にそれを知覚している必要があります。親指でコントローラーを駆使して銀河を救おうとしている最中の子どもは親を無視しているのではなく、文字通り親の言うことが聞こえていないのです。

同時に複数の物事に集中できないならば、どうして私たちはそのことに気がつかないのでしょうか？ほとんどの人が仕事でマルチタスクをし続けるのは、一度に一つのことだけをするよりもマルチタスクの方が生産性が上がると思っているからでしょう。みんなそれを信用しています。

一つのタスクから別のタスクへ注意を切り替える脳の機能と、自分の仕事ぶりを監視するのに使う機能がまったく同じなのはたまたまです。ある意味では、自分の仕事ぶりに注意を向けるのはマルチタスクの一種なのです。タスクを実行するのに必要な注意と、仕事ぶりを評価するのに必要な注意を切り替えています。これでは、マルチタスクの質が落ちるばかりでなく、自身の「マルチタスクの卓越した能力」の評価力も落ちます。

この本の著者である私たちがマルチタスクについて大勢の人たちに話すと、女性はマルチタスクが上手だと聞いたことがあるという話が出ます。普通この話には、進化の歴史で女性は一度にいくつかのタスクをこなせるようになる必要があったという続きがあります。

ある研究では、女性のマルチタスク能力は男性の能力よりやや上だがそれほどではない、という性差を示す結果が出ています。ただし、これには述べておくべき重要な点が二つあります。第一に、この研究でさえも、男性と女性は両者とも、指示されたことを行うのにマルチタスクをすると成績が悪くなったのであって、女性は男性より「悪くなる度合いが小さかった」ということです。第二に、この性差は詳細な調査では強く支持されておらず、したがって男性と女件のマルチタスク能力の違いは実践的な状況では小さすぎて意味がないと考えられるでしょう。

興味深いことに、実際にマルチタスクをうまくこなせると思われる人たちがいるにはいます。いくつかの研究では、およそ一〇パーセントの人がそれほど苦もなく二つの複雑なタスクを一度にこなせるということが示唆されています。でも逆にいうと、九〇パーセントの人はマルチタスクがうまくないのです。なぜこのような幸運な(?)人がいるのかはまだ解明されていません。

アート先生が好きでよく指摘していることですが、マルチタスクがうまくないのにもかかわらず、まったくめちゃくちゃにしない程度には注意をいくつかのタスクで行ったり来たりさせられるのは不思議です。こういった能力は、(よく起こるように)やっていることが何かで中断させられたときに重要です。何かを書いている最中に電話が鳴っても、電話を取って話が終わればまた書く作業に戻れます。やっていたことに素早く戻る能力がなければ、中断されるたびに初めから改めてやらなければなりません(アート先生のペットの犬みたいですね。カーペットを噛んでいて気を散らされると、噛むものを別に探し始めるのです)。

実は、習慣は脳が複数のことを一度にできるようにするための方法の一つです。習慣とは定義からして、注意の誘導のために貴重な実行機能の資源を集中しなくても行える行動だからです。

たとえば、キーボードを見ずにキーを打てるようになるのに時間を掛ける理由は、タイピングがひとたび習慣になると、それぞれの文字を打つのにどのキーを打てばよいかをいちいち考えなくても単語や文章を打てるようになるからです。タイピングは習慣によって目標の達成が簡単になるというたいへんいい例です。実際、習慣が強くなる(高度に「自動化される」)と、動きの詳細が簡単には意識できなくなってしまいます。

次の質問に素早く答えてみてください。コンピューターのキーボードを見てはいけませんよ。「Y」キーの右隣のキーは何でしょう?

わかりましたか? ほとんどの人ならこんな簡単そうな質問にもすぐには答えられませんね。でも、

「U」の文字を何の問題もなく打てるでしょう。右手の人差し指がそのキーがどこにあるかを「知って」います。特にとても速く打っているときに、どの指がどのキーに割り当てられているかを考えようとすると、打つ速度がたいへんに遅くなるばかりでなく、間違いの原因にもなります。

自分の指が実際に何をやっているのかに注意を向けなくても打てるようになると、キーボードをどうやって操作するかではなく、書きたい内容について考えるのにエネルギーを傾けることができます。これは昼間起きている間に実行する習慣のすべてに当てはまることで、こういうことはたくさんあります。習慣は人の機能に必要な部分です。やっていることすべてに意識的に注意を傾けなければならないなら、人は生きていくことはできません。ですから、脳はできる場合は自動的に身体が動くように気が利いた芸当を発達させたのです。

この章の結論ですが、今やっている特定のタスクを最高の能力で実行したいなら、シングルタスクでやるのがよいでしょう。あれやこれやを一度にやろうとするのを止めると、タスクの処理がいかに素早く、効率よくできるようになるかに驚かされるでしょう。

マルチタスクはたくさんやっても少ししかできない。

10 真面目さと創造性は両立できるでしょうか？

人はかなり複雑に考えることができ、それは人間という種を他の種から区別する特徴の一つになっています。前に見たのとまったく違うものでも、あらゆる種類の問題や課題に対する解決策を見出すことができます。この世界で効率よく動くためには、自分が置かれている状況を見定め、次の行動の見当をつける能力が必要です。でも、これは科学者が科学を扱っているときの考え方でしょうか？　それとも、科学的な考え方は、科学者ではない人が毎日を生きていくために使っている考え方と違うのでしょうか？

いわゆる科学的思考はほとんどの人がたいていの場合に使っている思考方法とは違うことがわかっています。もちろん、人が科学者になるとその人が非科学的に考えることがなくなるという意味ではありません。これを示す証拠がたくさんあります。実際に、もっとも理不尽な人の何人かは科学者で、科学を扱っているときはたいへん効率的に考えているのに、教授会に出席しているときは科学者として訓練を受けたことをすべて放棄しているように思えるほどです。

科学的思考と「普通の」思考の基本的な違いはそれらの全般的な目標に関連しています。科学とは要は「反証」が目標です。つまり、科学では特定の理論が真でないことを示す方法を発見するのに集中します。一方、たいていの人の日常的思考とは要は「立証」です。つまり、世界を見るとき、すでに自分の考えと一貫した情報に集中する傾向があります。自分の考えを変える必要がある情報に集中するよりも、すでにある考えに合う情報に注意を向ける可能性の方が高いでしょう。まさに、人間のこのような思考法はあまりに広まっているため、「確証バイアス」という名前まであります。

この種の思考を説明する実験があります。被験者は三つの数字の並びを見せられ、これを説明する単純な規則があると言われます。そこでこの規則を見つけるというのが被験者の目的です。被験者は規則について仮説を立てて、別の三つの数字の並びを言い、実験者はその並びが実験者の設定した規則に従っているかどうかを知らせます。

最初に、被験者は一、三、五という数列が規則に合っていると言われます。ほとんどの人はこの規則が「それぞれの数字を二ずつ増やす」であるとまず推測します。そして、他に七、九、一一という数列やちょっと離れて五一、五三、五五という数列が規則に合っているかどうかを検証します。こういった三つの数字の並びを試すたびに、数列が規則に従っていると言われます。二ずつ増やした三つの数字の並びをいくつか検証した後、ほとんどの人は推測を止め、かなり自信を持ってその規則は「それぞれの数字を二ずつ増やす」であると宣言します。これは検証したすべての数列で確認できた規則です。

でも本当は、実際の規則（実験者が考えているもの）はこれよりもっと一般的なものです。実際の規則は「それぞれの数字はその前の数字よりも大きい」というもので、どんな数字の並びでもだんだん増えていくものであれば、七、六九二、一、四〇〇でもマイナス七、〇、七でも規則に従っています。たいていの人は二以外を使って数字を増やす並びを検証することはなく、ましては減らす並びを検証することもないので、より一般的な規則を発見できません。二ずつ増えない数字の並びをたった一つでも検証したら、「二ずつ増やす」という仮説を破棄しなければならず、新しい仮説が必要になるでしょう。また、これが手掛かりとなって、多くの他の並びも検証する必要があると思うでしょう。

ここで覚えておくべき点は、このような実験の被験者はすでにある考えの検証に集中する傾向があることです。その時点で検証している仮説（作業仮説）が当てはまらない他の状況または並びをほとんど検証しません。これもまた、実験室を離れた科学者を含むたいていの人がほとんどの場合に行う方法です。科学はこのようなわけにはいきません。科学では、推測や仮説を検証したいとき、仮説が正しくないことを証明するいろいろな状況を含む実験を作成する必要があります。言い換えると、持論が正しくないことを示しそうなあらゆる方法を想像し、理論をこのような可能性にさらすのです。科学の規則に従って、たとえ仮説が間違っていることを示す証拠が見つからなかったとしても、確信を持って言えるのは、現時点ではこの仮説が正しくないことを示す証拠がないということだけです。

こういった言い方をすると科学畑以外の人がイライラするのはわかっていますが、これは科学的方法の必須部分で、科学的進歩の中心的要素です。ある命題が「正しい」というのと、ある命題が「正しくないという証拠がない」というのは決定的に違います。最初の言い方では将来の調査や改良の余地がありませんが、後の暫定的な言い方は、仮説を考えられるかぎりの（または考えも及ばないような）状況ではまだ検証していないという事実を反映しており、どれほど小さくても、その仮説が間違っている可能性が残されています。

要するに、科学は確証バイアスの影響を最小限にする方法を用意しているのです。持論が正しくないことを示す情報をわざわざ探すばかりか、科学者はデータの言いなりになることに同意しています。特定の理論が正しいとどれほど強く主張しても、データがそうでないことを示していれば、その持論を強制的に変えなければなりません。このように、科学の規則はより効果的に考えるのに役立つことを明確に目的として設計されているのです。

ここで、科学的思考はいつでも優れていて、非科学的思考はいつでも愚かだという印象を持ってもらいたくはありません。それほど単純ではないのですが、「確証バイアス」という語は一般的に悪い意味に聞こえてしまいます。そうでなければ「確証バイアス」という語でなく、もう少し肯定的な言葉、たとえば確証傾向とか確証ベースの論法などと呼ばれていたことでしょう。

実際のところは、確証バイアスはたいていの場合はかなりいい考え方です。たとえば、授業中には品のない冗談を言うべきではないとアート先生が考えているとしましょう。アート先生がその考えに沿って行動を選ぶのは得策でしょう。もちろん、先生が間違っていて、授業中に品のない冗談を言っても問題がないという可能性はあります。でも、そのことを確実に見つける唯一の手段は、授業中に品のない冗談を言うことです。つまり、自分の仮説を検証するのです。ただ、そういう冗談を言ってもし先生の考えが正しければ、たとえ善良な科学的思考のためとはいえ、先生は厄介な状況に置かれることになるでしょう。ですから、先生はすでに持っている考えを確認し続ける行動にこだわっていた方がよいのです。

実世界では、ある考えに反証しようとして検証を行った際の代償が甚大でひどいことも多くあります。やってみて見事に失敗しその結果に苦しむより、検証するいくつかの機会を見逃す方がよいのです。

でも、規則に従わない人もいます。ボブ先生は試しにやったらどうなるだろうと思って規則を破ることがアート先生よりよくあります。これはボブ先生が徹底して混乱を招こうとしているのではなく、規則や締切をアート先生ほど重要と考えていないからです。

この差に関係した基本的な性格特性があります。「ビッグ・ファイブ」の性格特性の一つに「真面目さ」というのがあり、これは一度始めた仕事を完了したいと思う度合いを反映しています。真面目さの度合いが高いほど、仕事の完了へのやる気、規則に従う気が高くなります。(これには、授業中に品のない冗談を言わないというように自分に課している規則を含みます。)

この世界は真面目な人に報いる傾向があります。会社で、管理職は真面目な部下に気を配りがちですが、それは真面目な人は任せた仕事をやってくれて、あてになるからです。仕事に集中し、指示を厳守します。その結果、昇進のときに選ばれることが多く、出世の階段を登ってより大きな責任がある地位に着きます。真面目さは連続した尺度の一端だけが「よい」とされている性格特性のようです。真面目さが高いのはいいことで、低いと大失敗につながると思われています。時間内に仕事を終わらせない人、仕事を終わらせるように繰り返し釘を刺す必要がある人、規則を単に指針だと思っている人は人生で不利になるようです。

しかし、真面目さが低いのが利点になることもあります。人間の何世代もの進化の過程で、常に悪いとみなされる特性は自然淘汰の圧力から存続することはないでしょう。ですから、人間の真面目さに幅があり、少なくとも場合によっては真面目さが低くても利点があるはずです。

それはこんな場合です。

真面目さの度合いが高すぎると、規則に従うのに人生すべてを費やすことになります。リスクを犯さないようにいつも注意し、規則に厳密に従うのが正しいやり方だと思っています――いついかなるときでも。でも、それでは創造性が低くなります。

創造性には規則を破ることが必要です。最も創造的な人はその専門分野での規則を破る場合が多いのです。必ずしもすべての規則ではありませんが、いくつかは破ります。たとえば、抽象画の隆盛で、（セザンヌのような以前の画家の導きに従って）ブラックやピカソの作品は一枚の絵に同じイメージを複数の視点から表現しています。ブラックやピカソ以前では、視点の微妙な変化を一枚の絵に表していましたが、それでも一般的には首尾一貫した作品になっています。

ブラックやピカソが創造したキュビズムのスタイルは過去にだれもやろうとしなかったことです。肖像画の常識の多くを無視する必要があり、場合によっては実質的に一見すると何が何だかわからないような図像を作りました。彼らの創作に価値を見出せない人もいますが、それでもブラックやピカソは新しいスタイルを試み続けました。

同様に、アインシュタインが特殊相対性理論を作りあげていたとき、当時の物理学で支配的だった、根本的な規則のいくつかを破らなければなりませんでした。それは質量、空間、時間には固定値があるという仮定です。物体の速度が質量に影響する（これは直観的におかしいと思われます）ということを示すならその理論は間違っているに違いないと仮定するのではなく、この理論の研究を進め、その過程でアインシュタインは物理学者が考える宇宙についての概念を変えてしまったのです。

このような創造性に富む人たちが興味深いのは、その専門分野で規則を破っただけでなく、社会的な規則にも従わない傾向にあったところです。創造的な人は規則を軽んじ、それらが人生の打ち破れない境界というよりかは、従う方が便利であれば従うというぐらいのものとして扱うことがよくあります。創造性が高い人は社会的な許容範囲ギリギリに生きている場合が多いのです。

普通の行動規則を無視する芸術家や音楽家の話がたいへん多く、そういった人は規則を破るものだという既成概念ができています。でも、多くの創造的な人たちにも同じことが言えます。たとえば、ノーベル賞を受賞した物理学者リチャード・ファインマンが書いた自叙伝にたいへん生き生きと説明されているように、ファインマンは社会的状況で他人が自分に何を期待しているかほとんど気にしませんでした。

実に、規則に従ったり締切に間に合うようにと考えて仕事をすればするほど、創造性が低くなります。

そこで、ボブ先生やボブ先生のような人たちに次のような特別な格言をお贈りします。

期限を守ることと創造性は両立できない。

11　脳はわずか一〇パーセントしか使われていないというのは本当でしょうか？

つい先ごろ、心理学者だと知られたときに受ける反応について二人で話していました。ちょっと恥ずかしそうに「今、心理分析してるでしょう」とブツブツ言う人がいます。まるで、何かの魔法を使っているかのように思っているんでしょうか。こういうとき、アート先生はたいてい、他人の問題にはまったく興味がないので心配しなくていいですよ、と言います。ボブ先生は、他人の問題に興味はあるけど仕事としてではないですよ、と言います。

出会った人の心理を事細かく調べているのではないことがわかって安心すると、次は、人間はどのように考えるのかと質問をしてきます。いちばんよく聞かれる質問の一つに、人間は脳をわずか一〇パーセントしか使っていないという話にまつわることがあります。これは本当かと聞く人もいれば、脳の使われていない部分が働くようにするにはどうすればよいか知りたいという人もいます。

脳の一〇パーセントしか使っていないという俗説は年を追うごとにとてつもなく大きな広がりを見せてきました。グーグルで「10% brain」（10パーセント　脳）と検索しただけでも、二億五三〇〇万件がヒットします。私たち二人にとってはうれしいことに、最初に出てくるリンクのほとんどには「myth」（都市伝説）という語が含まれています。それでも、すべてのウェブサイトで「脳の一〇パーセントしか使っていない」のがなぜ真実ではないのかを詳細に説明しているのに、この都市伝説は――他の多くの都市伝説と同様に――今でも生き残っています。

メディアは脳には未開発の力があるという考えを広めるのに余念がありません。一九九一年の映画『あなたの死後にご用心！』で、死者の魂が「次のレベル」（それが何だかよくわかりませんが）に進むのに必要とされた業績の一つが脳の未使用の部分を使う能力でした。また、二〇一四年の映画『ルーシー』では、スカーレット・ヨハンソン扮する主人公が、薬を打たれて突然脳が全力で動くようになり、超能力を獲得します。

ほとんどの人の脳が一〇〇パーセント働いていないという考えは、人間の隠された潜在能力を期待させる便宜的なドラマ上のお約束になりました。でも事実は、脳では常時すべての部分が使われているのです。

脳は途方もない量のエネルギーを消費する器官で、重さが平均的な人の体重のおよそ三パーセントしかないのに、一日のエネルギー供給の二〇から二五パーセントを使います。そうです――ハンモックに横たわってうたた寝していても、脳は毎日数百カロリーを燃焼します。

なぜ脳がそれほどのエネルギーを使うのか不思議に思われるでしょう。結局、歩いたり、物をつかんだり持ち上げたり、階段を上ったりするのに使う筋肉の方が、頭蓋骨の中にこじんまり納まっているだけの脳よりもカロリーの燃焼が大きいように思えます。でも、最も活動的な脳細胞が働く仕組みを理解すれば、頭の中にあるわずか一四〇〇グラムほどの貴重なヌメヌメしたものがなぜそれほどのエネルギーを必要とするのかがわかるでしょう。「ニューロン」と呼ばれる細胞が神経系の基本的な働き者です。これはたいへんに特殊な細胞で、人間だけでなくハエやウミウシの脳にもあり、脳の電気化学的回路を形作っています。ニューロンの機能は、細胞体から電気信号を送ることで、その信号が「軸索《じくさく》」という長い突起状の部分を伝わって、回路の次のニューロンに達します。軸索には比較的短いものも、一メートル弱の長さのものもあります。電気信号は細胞を出入りする電荷を持った粒子の動きによって化学的に発生します。

電気信号が軸索の中を伝わって終端に達すると、「神経伝達物質」という注目に値する分子が「シナプス」と呼ばれる、ある細胞と次の細胞との間のごく狭い空間に放出されます。この神経伝達物質は隣接の複数のニューロンにある小さな受容体にくっつくことで作用し、信号が到達したことを通知します。それぞれのニューロンは一万もの隣接したニューロンに信号を送信できるので、人間が呼吸したり、手を挙げたり、まばたきしたり、考えたりするたびにたいへんな量の化学的活性が発生します。でもこれはニューロンだけの話です。脳には「グリア」と呼ばれる別の種類の細胞があり、さらなる構造的な役割や機能的な役割を持っていますが、これは少なくともニューロンと同じほどの数があります。

このようなことを起こすには多くのエネルギーが必要で、脳は一生懸命考えていてもいなくてもだいたい同じだけのエネルギーを使います。何かに本当に集中していると、脳はより多くのエネルギーを使いますが、通常必要なエネルギーと比べてもそれほどの違いはありません。

進化はそれほどのエネルギーを燃焼する器官に、その一部を休ませておくことなど許しません。実に、脳は活発に活動が行われているハチの巣のようなところです。寝ているときも脳は活動していて、日中起きているときの出来事や技能の記憶を処理し、目覚めているときに蓄積された化学物質や毒素に関係した維持管理の雑用を行います。

では、実際には脳全体をいつも使っているのなら、一〇パーセントしか使っていないという都市伝説はどこから来たのでしょうか？　確実にこれだといえる単一の起源はないものの、たぶん次のような事実が反映されているでしょう。

まず、脳がどのような構造になっているかを一九世紀の心理学者が解剖から理解し始めると、脳はニューロン以外にもいろいろなものから成り立っていることが発見されました。脳には栄養補給や保護のための液体で満たされた部屋がたくさんあり、頭の内部で脳が浮いています。前にもお話ししたグリア細胞がありますが、これはさまざまな支援機能を担っています。脳の中で実際に重要な働きをしているのがニューロンだけだと考えているのなら（実際にはそうではありませんが）、脳の一〇パーセントしか使っていないという考えを強く持つ人がいるのも想像できるでしょう。でも、もちろん、これは二つの点で誤解を招くおそれがあります。

第一に、脳のすべての構造は、脳が確実に効率よく働くのに重要です。脳が保護されず、栄養を補給されず、毒素が排出されないと、脳は正しく機能しません。

第二に、脳の一〇パーセントしか使っていないと聞くと、脳の他の部分を使えるようになれば、より賢くなったりより効率的に仕事ができるようになったりするだろうとすぐに考えてしまいます（映画『ルーシー』の場合、物質を操る超能力を得られます。そんなことは実際にはありえませんが、でもカッコいいですね）。

一八〇〇年代後半の心理学者ウィリアム・ジェームズに始まり、人間の心について考えた学者は、人は何を達成できるかに注意を向けました。ウィリアム・ジェームズの他にも、一九世紀初めの財界の第一人者で、古典とされる『人を動かす』を一九三一年に出版したデール・カーネギーは、一生懸命に仕事や勉強をすると、どれほどのことを達成できるようになるかを読者に考えさせようとしました。

科学的データに頼ることなく、こういった作家たちは、人間が新しい事実を学習する能力や技能は実質的に無限だと推測しました。大成功している人が生涯を通じて新しい物事を学習し続け、子どものときに学んだこともほとんど覚えているということに気づいたのです。その結果、ほとんどの人は達成できる可能性があることのほんの少ししかできていないと思ってしまったのです。

知的能力の何パーセントが実際に使用されているのかを正確に測定することは困難です。というのも可能なことの限界がわからないからです。でも、わかっている限りの科学的証拠では、努力すればするほど、生きているあいだはずっと学習できるのです。思考についてのこの見解はおそらく真実の核心を突いているでしょう。ほとんどの人は自分の周りにあるチャンスのすべては利用していません。多くはその時点で達成しようとしていることに直接関係ないと思われることを学ぼうとしません。大人だからといって新しい技能を学ばないと自分を説得している場合もよくあります。その意味では、私たちのほとんどは実際に達成しているよりはるかに多くのことを達成できるのです。

ですから、脳の一〇パーセントしか使っていないのかと聞かれたら、全部使っていると伝えてください。知性の容量は膨大で、それを使いこなさないのはもったいないことです。

脳は、常に全力。

12 私たちの記憶力は衰えゆく運命にあるのでしょうか？

先日、「CRS患者」と書かれたTシャツを着ている人を見ました。ご丁寧にもシャツにその意味も書いてあり、「CRS」とは「CAN'T REMEMBER S***」（くそっ、何も覚えられん）を略したものなのだそうです。ベビーブーム世代、ジェネレーションXが人生の後半にさしかかってきて、当然のことながら記憶の問題がますます気になってきます。でも、記憶について多くの人が語る様子から、知的能力は完全に崩壊する運命にあり、自分はそこに向かっているのだと考える方もいらっしゃるでしょう。これは本当でしょうか？　これは年をとると避けられないことなのでしょうか？

そうですね、これにはよいニュースと悪いニュースがあります。まずは悪いニュースから。二〇代の初めから、認知機能は長期にわたってゆっくりとしたペースで衰え始めます。二〇代初めで認知能力はピークを迎えます。思考は速く、記憶の働きも最高です。しかし、そこからは思考が遅くなり始め、新しいことを覚えるのにもだんだん時間が掛かるようになります。（老いたる犬に新しい芸当を教えることはできます・・・が、教える方も教わる方もより忍耐強くなければなりません）。

でも、よいニュースもたくさんあります。私たち二人のような老犬にとって、たいへんうれしいニュースです。長期にわたってゆっくりと認知機能が衰えるといっても、それはたいへん長くゆっくりとしているというのがたぶんいちばんいいニュースです。七〇代、八〇代になるまで、思考のほとんどの面でそれほど深刻な問題は経験しないでしょう。健康な脳の機能は、単に年をとっただけではそれほど悪化しません。普通、脳の機能が衰えるのは病気、脳卒中、一過性脳虚血発作、脳外傷が原因です。

別のよいニュースとしては、多くの場合、年をとるほど新しいことを学習するのが実際には簡単になるのです。なぜなら、学習する際のいちばんいい方法は、新しい情報をすでに知っていることに結びつけることだからです。たとえば、サッカーのワールドカップの試合を見ているときのことを考えてみましょう。サッカーのことをこれっぽっちもわからない私たち二人のような人は、試合について後で思い出すことはほとんどありません。たぶんゴールして点数が入ったとか、見てくれる人がいなくなるまでだれかがグラウンドで身もだえしていることが何度かあったとかぐらいしか思い出せないでしょう。ところが、本物のサッカーファンなら、試合の組み立てがいかによかったか、どのプレーが得点に結び付いたか、試合の終わりの方での特定の選手交代がよかったかどうかなど、試合の細かいところまでつぶさに覚えているでしょう。知識のある聴衆は、試合についての情報が豊富な知識ベースに組み込まれているため、試合中に起こった多くのことを事細かに覚えていられるのです。

運のよいことに、ほとんどの人は年をとるにつれて専門知識や技能を取得していき、そういった知識や技能を学習に役立てることができます。ボブ先生が（ほどよいうぬぼれを込めて）よく指摘するように、若者はうまく学習できないからこそ、年配者より速く学習する必要があるのです。若者の学習速度がいくらすばらしくても、あるテーマについてすでに大量の知識を持った人より速くは学べません。既得の知識は新しい情報の理解と解釈に対する足場として働きます。つまり、年をとることで知能がどうにかなってしまうということを心配する理由はありません。年をとってからの知能は実際はほとんどはよいままなのです。

ただし、年をとっても記憶はそれほど悪くならないと私たち二人が言うのは多くの人たちの経験に反することはわかっています。五〇代、六〇代、七〇代の人に聞けば、俳優の名前が思い出せないとか、鍵が見つからないとか、部屋に入ったのになぜそこに行ったのかを忘れるとか、買い物メモを持たずに店に行って買い忘れが起こったりとか、そういった話が出てきます。

これはどう説明できるのでしょうか？　そうですね、多くの説明は記憶がおかしくなったからというよりも、記憶についての考え方が間違っているからだといえます。

アート先生には子どもが三人いますが、三人とも認知機能が最高の時期です。長くゆっくりとした衰えはまだ始まっていませんが、それでもいつも物忘れをします。なぜ宿題をやるのを忘れたのかと聞くと、「ぼんやりしてた」と言います。なぜゴミ捨てを忘れたのかと聞くと、「あ、しまった」と答えます。何か大事なことを忘れたとしても、「そんなの若気の至りだよ」なんて言いません。

でも、多くの人は五〇歳になると物忘れをするたびに、迫り来る認知的大惨事の兆候だと思い始めるようです。必要なときに必要な情報が思い出せないと、認知的破滅の小さな証拠がまた一つ増えたと解釈してしまうのです。

時々起こる物忘れをこのように過剰解釈するのは間違いであるばかりか、実際には有害であるかもしれません。研究結果によると、記憶について最も悪いことは皮肉にも記憶について心配することです。多くの研究が、ストレスがあると物を考えたり覚えたりするのが難しくなることを示しています。ストレスがあると、どんな場合であっても記憶に保持できる情報量は少なくなり、柔軟に考えるのが難しくなります。こういったことすべてが、どんな情報を記憶から引き出せるかに影響します。

記憶や加齢についての肯定的や否定的な情報にほんの少しでも触れると、成人の記憶能力に影響する可能性があるという研究結果もあります。いくつかの研究では、年配の成人に短い記事を読ませ、その記事の一つは年をとると記憶が衰えることに焦点を合わせたもので、もう一つは年配の成人でも記憶はそれほど悪くならないことを示唆したものでした。その後、被験者は記憶検査を受けました。案の定、より肯定的な記事を読んだグループは、比較対象の（認知機能が最高の時期に生きている）大学生のグループと比べてそれほど悪い成績ではありませんでした。一方、年配者は記憶が衰えるとする否定的な記事を読んだグループでは記憶検査の成績が確かに悪くなりました。

とはいえ、年をとっても記憶が衰えないように手助けする方法はいくつかあります。いちばん重要なのは脳を粗末に扱わないことです。人生の後半で経験する記憶の問題の多くは、人生の初期でやったことのツケです。規則正しく就寝時間を取っていて、薬やアルコール類を飲みすぎたり、頭に衝撃を与え続けたりしていなければ、幸先はいいでしょう。

年をとると多くの人に起こることの一つは、感覚器官が鈍くなることです。若いころに音楽を大音量で聞いていると、後で聴覚に問題が発生します。白内障や網膜の問題は視覚の問題につながります。嗅覚でさえも弱くなります。感覚が鈍ると記憶に達する情報も弱くなり、後でその情報を思い出すときに難しくなります。ですから、定期健診を受けて、目や耳の機能をできるだけ長い間良好に保つことが大切です。

最後に、一生涯学習する気を持つようにしましょう。教育の機会がたくさんあればあるほど、また生涯を通じて活発に学習し続けていればいるほど、衰えの兆候が現れるのが遅くなります。教育は脳を損傷から守りはしませんが、問題を解決したり、情報を覚えたりするのにたくさんの異なる方法を作ります。

ここで覚えておいていただきたいのは、年をとるほど記憶が衰えるという考えは自己成就的予言になります。つまり、そう思っていればそうなってしまうのです。

「年をとると物を忘れる」という話は忘れよう。

13　映画の「コンティニュイティー・エラー」を見つけにくいのはなぜでしょうか？

大勢の人がインターネットをあてどもなくさまようのに多くの時間を使っています。学生は宿題をしているふりをしてネットをさまよい、四五分で終わるような課題が思いがけなく四時間の怪物になってしまいます。会社でも、仕事をしているふりをして本来やるべきことではなく行き当たりばったりでウェブを見て回ります。店のレジに並んでいるときも、話をするのを嫌がり、お気に入りのサイトをチェックしています。

そういう時間にあてどもなく見るのに最適なのは「IMDb」（インターネット・ムービー・データベース）です。アート先生が仕事をそろそろ終えようとするころに好んでやるように、映画ファンがIMDbを閲覧すると、まず作品に関わっている人たちの名前を調べようとします。俳優、監督、脚本家、その他のスタッフがだれかです。このデータベースで調べられる多くの疑似事実のうち、「ヘマ」（Goof）と呼ばれるおもしろい間違いを集めたページへのリンクがあります。たとえば、タバコを吸いながらだれかと会話している人物のショットがあったとしましょう。次のシーンには会話の相手が映り、シーンが元の人物に戻ると、タバコの長さが前より長くなっている、ということがあります。また、ショットが変わるごとに時計が戻ったり進んだりしていることもあります。コップがテーブルの上からなくなったり、現れたりもします。

こういった「コンティニュイティー・エラー」が簡単に起こってしまうのは、映画のほとんどのシーンが多くのテイクから組み立てられているからです。美術監督、小道具方、スクリプター（記録係）などがプロの厳しい目で注意していても、小さな間違いは見過ごされることがあり、映画が編集の最終段階になっても、このような小さな不連続がそのまま最終の作品に残ってしまうのです。

でも、このコンティニュイティー・エラーの驚くべき点は、映画を見ている人がエラーに気づくことがほとんどないことです。実際に、ほとんどの場合、映画を見ているときに間違いに気づくことはありません。後に、その映画についての解説を読むと、映画を初めて観たときには見えなかったこのような「ヘマ」のいくつかを見つけるでしょう。そのような間違いがあることを知っているので、映画をもう一度観ると、そのときにははっきりとわかるのです。アート先生は映画『アバター』のシーンで、ゴルフ・ボールが地面のあちこちを動くという間違いについて読んだことがあります。初めてその映画を観たときは気がつきませんでしたが、その間違いについての記述を読んだ後には気づくことができました。

矛盾点が目立つときが時折あるのに、見過ごしてしまうのはどうしてでしょうか？

目を開くと、周りの世界が意識的経験としてすぐに、強力に飛び込んできます。この経験には、視界の中で起こっている多くの出来事が含まれると思われます。この話から、目がカメラのように働いて、光を感知する何らかの装置が目の前の光景全体を捉えて、その後、何を見ているのかを脳が正確に理解するのだ、と思われるかもしれません。

でも、実はそれは起こっていることとはまったく違います。人を取り巻く視覚世界の感覚は多くの部分から構成されています。光は「角膜」を通って目に入り、「水晶体」の働きにより「網膜」で焦点が合います。「網膜」は目の奥にある光を感知する細胞がかたまって敷物状になっている部分です。でも、網膜は、画像全体が均等に高画質の画像を作るデジカメの光センサーとは違います。網膜の中央に細胞が密に詰まった小さな領域があり、これを「中心窩《ちゅうしんか》」といいます。網膜のこの部分は画像がたいへんに高精細で、ここは焦点がぴったり合っている唯一の部分です。

中心窩が実際はいかに小さいかを確認するには、身体の前で（右または左の）腕をまっすぐに伸ばし、親指を立ててその爪に焦点を当てて見るのがよいでしょう。親指以外のすべての物を考えてみると、爪以外では焦点がボケているのがわかります。私たちがほとんどこのことに気がつかないのは、見ているものを脳が組み立てているからです。人は目で物を見るのではなく、耳で聞いているのではないことを思い出してください。見聞きしているのは脳なのです。

周りの世界に何があるのかを脳がはっきりとした画像に組み立てるために、目は常に動いています。視界の中にある情報を収集するのに、目の焦点はあちこちと動き回ります。もちろん、世界が揺れているように見えないように目からの入力を抑制しているため、目がこのように動きまわっているのに気づきません。目はある場所を「凝視」し、脳がその場所についての情報を取り入れ、視線が別の場所に跳んでまた凝視します（視線が跳びまわることを「跳躍性運動」（サッカードまたはサッケード）と呼びます）。

視覚系は短時間の凝視で受け取った情報を寄せ集めて世界の感覚を作り上げ、静止している物体を見るという行動をうまく切り抜けることができます。動物、人間、車など一部の物体は動きますが、その動きはたいてい連続していて予想どおりです。テーブルや木、ティーポットなどのほとんどの物体は普通は同じ場所に留まり、人や何らかの力によって動かされない限りは動きません。

明らかに動いている物体は注目される傾向にありますが、これは周りで何が起きているのかを理解するには動く物体が重要だと、おそらく進化の過程で視覚系が学習したからです。動く物体は脅威か餌かの可能性があります。「円滑追跡」という特殊な眼球運動により、一つの凝視場所から次の場所へと視線をジャンプさせずに、動く物体を追いかけられます。円滑追跡による目の動きを実際に見るには、だれかに自分の指を注目するように頼み、その人の前で手を動かしてその人の目が指を追跡するのを観察します。

動いていないのが明らかな物体はその場に留まると仮定するため、凝視のたびに視覚世界の情報をそれほど多く保存しません。一方、特定の物体の情報がさらに必要な場合、いつでも後でそれに戻って見られると、視覚系が仮定します。

つまり、世界はかなり安定しているという仮定はほとんどの場合、事実と合致しています。でも、マジックと映画という二つの大きな例外があります。


マジシャンは、環境を観客が気づかないように変えるのがたいへん上手です。環境を変えると、物が現れたり消えたりする錯覚が生まれます。このようなトリックの古典的な証明にダニエル・シモンズとダニエル・レビンによる研究があります。この研究の設定はこんな感じです。建設作業員に扮した実験者が道で通行人に声を掛け、地図上のある場所への行き方を尋ねます。実験とは知らされてない被験者が実験者と話していると、大きなドアを運んでいる別の二人が実験者と被験者の間に割って入り、被験者は建設作業員に扮した実験者が一瞬見えなくなります。ドアが被験者の前を横切るあいだ、被験者の視界から実験者が一瞬見えなくなりますが、その間にドアを運んできた人と入れ替わります。その人は実験者と同じく建設作業員に扮しています。その後、この「新しい」建設作業員は通行人（被験者）と会話を続けます。

自分が話していた人が会話の途中で急に別人に入れ替わるので、この状況を経験した人はだれでもさぞびっくりするだろう、と読者のみなさんは思うでしょう。でも、実はそうではありません。視線をさえぎるドアがなくなった後に別人と話していると気がついた被験者の割合はわずかだったのです。二人の実験者は容貌も声も違うのに、建設作業員と話していたので、別人に変わったことには気づかないのです。

環境を混乱させた後、視界の中にかなり大きな変化があっても気づかないことは「変化の見落とし」といいます。この場合、会話している人の間にドアを運び入れて混乱を招いています。大きな音や閃光（マジシャンがよく使います）も混乱を招きます。さらに、映画の中で、あるシーンのカットが次のカットに変わるのも混乱を招くのです。

映画でほとんどのコンティニュイティー・エラーを見逃すのは、実世界と同じく、一回の凝視から次へと移るときにそれほど多くの情報を記録しないからです。でも、これは身体の機能不全ではありません。こうするように脳が進化したのです。他の章でもご説明したとおり、脳は生物学的にエネルギーを多く使う器官で、見たことを細かく覚えておくことには実際には進化的利点がありません。ですから、重要と思われること（多くの場合、動く物体）は覚えていても、それ以外のことはほとんど覚えません。

実際、映画でコンティニュイティー・エラーに本当に気づくようになる唯一の方法は、混乱の直前の一貫しない細かい部分を凝視し、その部分をずっと見ていることです。中心窩はほとんどの場合、注目しているものを指しているので、消えたり、何かが変化する物体に注目していると変化に気づけます。

映画の編集者は、コンティニュイティー・エラーがあるが（俳優が演技に集中していて）すばらしいテイクと、質としてはそれほどすばらしくはないがエラーがないテイクをどちらかを選ぶとすれば、前者を選ぶと言います。というのは、エラーに気づく人がほとんどいないからです。

今度、映画の「ヘマ」のリストを読んだときに、ほとんど（いえ、全部）わからなかったとがっかりしないでくださいね。わからなかったというのは、視覚系がその機能どおりに正しく働いている証拠なんですから。「ヘマ」を本当に見つける唯一の方法は、映画を観ながら「ヘマ」を見つけることに時間を費やすことですが、そうするとたぶん映画の他の部分にあまり注目しなくなるでしょう。

人は自分が見ていると思っているよりもずっと物が見えていない。

14　ナルシストはみんな同じなのでしょうか？

ギリシャ・ローマ神話によると、ナルキッソスは美しく、うぬぼれが強く、傲慢な若い狩人でした。義憤の女神ネメシスは、自分に対して話された最後の語を繰り返すことしかできない森の妖精エコー（「こだま」を表す「echo」の語源ですね）を見捨て、エコーを恋わずらいでやせ細らせた、としてナルキッソスに憤りを感じていました。そこで、ネメシスはナルキッソスを泉に呼び寄せました。ナルキッソスは自分の姿を見て恋に落ち、水面《みなも》に映る自分の美しさから離れることができなくなり、彼もエコーのようにやせ細ってしまいました。

ナルキッソスはヒガンバナ科のスイセン属の名前（narcissus）として残っているだけでなく、自己陶酔的な人を表す心理学用語（ナルシスト）として文化的語彙に残っています。「ナルシズム」の心理学的定義は、使われ始めたころから興味深い変遷をたどってきました。初めのうちはナルシストとは単に自尊心高い人のことをいうようでしたが、自尊心が高いことを公言する人の多くは、ちょっとか弱く愛情に飢えていることが、最終的に明らかになりました。

ナルシストを人のエネルギーを取って食べる、自尊心の吸血鬼と考えてみましょう。周りの人たちからいつも褒め言葉を聞く必要があるばかりでなく、注目を独り占めしなければならないので、周りの人たちを積極的におとしめることがよくあります。

ナルシズムの現れ方はたくさんあり、中には危険な副次的影響があるものもあります。たとえば、「偉そうな」ナルシストはほとんど場合自分自身を重要視して、他人は自分の言葉にいつも注目するべきだと考えます。

一方、別のタイプのナルシストは、他人が示すことがある脅威で自尊心が傷つくことをより重要視します。他人の成功に特に脅威を感じる「傷つきやすい」ナルシストは、ナルシスト自身の心と他人の心の両方でいわば自分を持ち上げる方法として、他人を引きずり下ろすことに関心があります。

自分の仕事をたいへん上手にこなすナルシストは、すぐに自身の成果を大げさに宣伝し、他人から注目を集める方法に精巧に磨きをかけているので、その成果に対して感謝の言葉を受けることがよくあります。注目の的になるために指導的役割を求め、社会的、専門的領域で他人より優れているという態度を頻繁に取ります。

このような性質が組み合わさっているため、一般的にナルシストは、グループ内で高い地位をかなり早く得ます。ただし、多くの場合（特に「傷つきやすい」タイプは）、地位や人気を維持するのが難しいのです。

ナルシストではないほとんどの人はグループの他のメンバーとうまくやっていきたいと思い、他人の強みや技能、意見を尊重していることを示すように行動します。他人にやさしくして、他人の感情や欲求、願望を考慮します。

しかし、ナルシストはこれとは違う策略を選んでいます。他人は自分のことを聞くべきだと感じているので、普通、自分の意見を他人に押し付けて、自分に同意しない人の意見を批判します。特に、ナルシストが立場的にライバルだと考えている人にはそうします。

こういったナルシストの策略は少なくとも最初のうちは効果を生むことが多いです。その自信に好印象を持ち、ナルシストが他人をおとしめている批判に傾いてしまう人も出てきます。でもそのうち、グループのほぼ全員がナルシストの攻撃目標になり、批判が確かな情報に基づいた理解の反映ではなく、自分が競争相手より上であることを強く主張するための手段だということにグループのメンバーが気づき始めます。

ナルシストは成果を上司に大げさに宣伝して、組織の中で権力のある地位に昇進する道を見つけることがよくありますが、ナルシストが率いるグループは普通、不快な経験をします。ナルシストがリーダーだと、グループが成功すればリーダーの個人的な功績によるものと捉えられ、問題があれば他人のせいになります。功績は自分が取って非難は他人に押し付けるという方略では、ナルシストの下で働く部下たちはイライラさせられます。

ナルシストとの恋愛関係は初めはとんとん拍子に進む場合が多いようです。ナルシストは新しい相手が自分に注目してくれるのをもちろん楽しみますが、その関係が次第に一方的に感じられるようになってしまう場合がよくあります。また、好意や注目を受けられなくなるのが怖いので、ナルシストと縁を切るのは難しいのです。ナルシズムの最も危険な面の一つは「自己愛憤怒《じこあいふんぬ》」です。前にお話しした「傷つきやすい」ナルシストのことを覚えていますか？　自分への支援がなくなったり、競争相手の影響が大きくなってきたりしていることに気づくと、ナルシストはそのような脅威に反応して攻撃的に暴言を吐いたり、怒鳴ったり、身体的暴力という手段に出たりすることさえあります。

さて、この章を終えるにあたって改めて申しておくと、ナルシズムに関連したすべての行為がいつでもまったく悪いということではありません。たとえば、グループを率いて目標に向かって仕事を進めていくには、リーダーが積極的に注目の的になる気持ちがあることは必要です。自分の功績に誇りを持ち、成功を他人に知らせることも大切です。個人の功績が他人に気づかれないことは珍しくありませんし、雇用主や上司、権力を持つ地位にあるその他の人たちに自分がやっていることを知ってもらうのは重要なことです。

さらに、たぶんだれでもナルシズムの片鱗を持っています。友人や同僚が成功したり、その功績が認められたりすると、多くの人はたとえば嫉妬で心が痛むという経験をするでしょう。そういった他人の功績をわざと小さく考えて、自尊心を保とうと思いたくなります。

ここで、時折飛び出してくるナルシズムの小さな悪魔を押さえつけて振る舞うことを選べるとしましょう。明らかに報酬を受ける価値のない同僚が不当に報酬を受けていると考えるよりも、同僚の幸運を祝福するように意識的に努力してみましょう。こういったタイプの行為――つまり本当に必要があるからというよりも意識的に考えた結果に基づいて祝福すること――は不本意でしょう。なぜなら、そういった祝福は自分が本当に感じていることを反映していないからです。しかし、自分が選びたいと思う感情を反映した行動をするのはまさしく、考えをより豊かにし、より肯定的に進化させる方法なのです。最初に感じたのが嫉妬だったとしても、同僚に対して寛容で好意的に行動すると意識的に決められるならば、意識的に始めた行為のことを本当ではない、誠実ではないとだれが非難するでしょうか？

今言ったような行動を取ろうとすると、行動の習慣を変えると思考の習慣が変わり始めることに、多くの人が驚きます。感情がそうしろと命じているという理由で、嫉妬している嫌なヤツのように振る舞うのではなく、寛容で親切な同僚のように振る舞うのは、感情が変わるようにと実際に「命じている」ことになります。確かに、ほとんどの人は自分のナルシズム的傾向を読み取るのがかなりうまいのです。だから、ナルシズムの程度を決めるのに最も効果的な尺度の一つは自分がどの程度ナルシストかを本人に直接尋ねることです。

ナルシストがいることに気づいたとき、自衛のためにできることがいくつかあります。最初の方法は、じっくり観察して、どのタイプのナルシストに対応しようとしているのかを判断することです。偉そうなナルシストなら操ることができます。どんないいアイディアでも結局はみんなナルシストのものだとすればよいのです。褒められるだけ褒め、話を注意深く聞いてうなずきましょう。でも、傷つきやすいナルシストとなると話は別です。自分に同意しない人がいると怒り、どうしても同意させようとするので、傷つきやすいナルシストには関わらない方がよいでしょう。自分の意見を無視してナルシストについていくのはイライラすることがありますが、それより、負け戦に関わるのは無駄です。

とにかく、Tシャツにプリントして、ユーモアがわかるナルシストに出会ったら、これを差し上げてください。

私のことはもういいから……ところで、私のことどう思う？

15　年をとると時間が速くすぎるのでしょうか？

アート先生が子供のころ、運のよいことに祖父母が四人とも健在でした。週末に会いに行き、自分の両親が若いころのことや、両親が子供のころの暮らしぶりを聞いていました。そんなとき、だれもがいつも決まって悲しげに、月日が経つのはいかに速いことかとため息をつくのでした。

時間が経つのが速いですって？　当時八歳だったアート先生の経験とは全く合いませんでした。彼にとって時間はゆっくりと過ぎるように感じました。六歳だったころからずいぶんと時間が経っていました。もちろん、今、アート先生は二二歳の息子を見ながら、どうしてこんなに速く大きくなったのだろうかと思っています。

年をとると時間が経つのが速くなるというのはほとんどだれでも言っていることですが、それはなぜでしょうか？

まず、時間感覚について少しお話しすることから始めましょう。ある瞬間という時間を経験するのと過去のことを思い返すときにその瞬間を思い出すのには違いがあるというのです。

ほとんどの人は、そのときの行為に完全に没頭しているときには、退屈しているときよりも時間が速く過ぎるように思えることに気づいているでしょう。ミハイ・チクセントミハイという心理学者は「フロー」という概念を提唱しました。これは、そのときの行為にあまりに没頭してしまい、時の流れを忘れてしまうという経験のことです。ビデオゲームで遊んでいたり、継続的に注意を向けることが必要な作業に没頭しているときに「フロー」状態をよく経験しますが、すばらしい会話、スポーツ、読書などでも

「フロー」状態に入る場合があります。

退屈はフローの逆です。病院や空港、駅の待合室で座っていたときのことを思い出してみてください。いつかは呼ばれる自分の名前や、飛行機に乗る順番を知らせるアナウンスにある程度の注意を向ける必要があるので、周りをまったく気にしないでいることはできません。立ち上がって動き始めるための合図を耳や目で確認しなければならないので、本を読んだりパズルを解いたりして、なにか興味を引く行動にすべての注意を傾けないようにしています。合図を待つのが想像しうる限り最も退屈なことの一つであったとしてもです。その結果、時間が過ぎることに注意を向け始めます。一分、時には一秒が過ぎるのを意識するようになります。時間は苦しいほどゆっくりと動き、ほんのわずかな時間も経験するのです。

でも、ある時期を過去――たとえば先週や先月――から振り返ってみると、その時期がどれほど長く「感じる」かの感覚は、対象の時期の間に起こったと記憶している個別の出来事の数に影響されます。新しい家やアパートに引っ越したときの出来事を考えてみましょう。荷物を持ち込んだり、荷解きをしたり、家具を置く場所や絵を掛ける場所を決めたりしている間にすぐに何日間か経ったように感じるでしょう。たくさんの真新しい経験と出来事で一日がいっぱいになり、ふつうそれほど頻繁には引っ越しをしないので、新しい住まいをこと細かに覚えていたり、ご近所さんをどのように回ったかを覚えているのです。

さらに、引っ越したその週のことを振り返ってみると、とても長かったと感じるでしょう。それは、特定の普段のことではない多くの出来事、つまり荷解き、新しいご近所さん、また、新しい場所に引っ越したときによく見つかる（よきにつけ悪しきにつけ）小さな発見などを覚えているからです。

その週のうちに今でも思い起こすことができる個別の出来事がたくさんあったので、その週は心理的に長い時間に感じられます。しかし、そのように出来事がたくさんあった週と、職場や学校での普通の週とを比べてみてください。普通の週ではすでに定まった日常の仕事が次々と起こります。毎朝だいたい同じ時間に目が覚め、いつものように顔を洗い歯を磨いて身支度をします。家を出て、同じ道を通って職場や学校に行きます。通常のリズムで日々が過ぎていきますが、そのような普通の週を振り返ってみると、時間がどこへ行ってしまったのだろうかと思えるでしょう。個別に思い出せる多くの出来事がないと、その週の細かいことの多くを思い出すのは難しいのです。ある日の通勤、通学は別の日の通勤、通学とほとんど同じなので、脳は詳しいことを多くは記憶しないのです。

同様に、職場や学校での日常の仕事は次から次へと来る日々でぼやけて区別が付かなくなります。記憶しておいて後で思い出すべき興味を引く出来事が普通の週にはほとんどないので、このような週を思い出すと比較的速く過ぎたかのように思われます。

年をとるにつれ、毎日の暮らしの中で前にやったことをやる機会の方が新しいことをやる機会より多くなります。大人になることには日常の仕事を決めて人生をうまくコントロールできるようにすることが伴います。子供が生まれると、予測できない多くの面と予測しようとする気持ちのバランスを取る子育てのスケジュールがさらに要求されます。親になったばかりの人にとって、子供が生まれてからの最初の数か月はそれまで経験したことがないようなことが多く、子供が成長するに従ってたどる大人への道しるべとなる出来事に関しても同様です。しかし、日常の仕事は安定した生活の本質です。

ある状況で一定の行動のセットを繰り返すと、結局、状況と行動とその行動がもたらす結果の間の関連が学習されます。こうして学習した関連は習慣となり、一たび習慣になってしまうと、その仕事をたいして注意も向けずに実行できるようになります。習慣によって自分の住む世界での作用がさらに効率よくなりますが、（あまり深く考えず、注意もせずに）習慣によって行った活動は記憶に残らない傾向にあり、後になって思い出すにも思い出せそうになくなります。習慣による行動を主に行っていた時期を振り返って思い出そうとする場合、このような日々は、注意が必要な新たなことをたくさんやった日々に比べて短く感じるのです。

若者の暮らしはたくさんの新しい経験で満ち溢れています。それはまさに、若者には思い出を蓄積する時間があまりなかったからです。それに引き換え、年長者の暮らしには新しい経験があまりありません。それは、何度か壁にぶつかってそれを避けてきた経験がある年長者は、過去の経験を繰り返しているからです。年をとるにつれて、過去に繰り返し起こった出来事にだんだん慣れてきて、個々の出来事を記憶することが少なくなってきます。一定の期間内についての記憶が少なくなると、後で思い出したときのその期間は速く過ぎたと感じられます。

一八〇〇年代の終わりに提唱された時間感覚についての他の理論は、人間は生存期間に比例して時間を経験するというものです。この説によれば、八歳のころのアート先生が自分の六歳の誕生日をずいぶん前だったと考えるのも不思議ではありません。というのは、二年間というのは八歳の子供の生存期間の四分の一に相当するからです。しかし、五〇歳の人の生存期間からすれば二年間はわずか四パーセントにすぎません。この差が、年をとると時間の経過が見かけの上で速くなるように感じる理由とされてきました。

暦のサイクルも時間が矢のように過ぎると感じさせる原因になっています。毎年、大学教授である私たちは学年の最初の日にキャンパスを見渡して、学生がいかに速くキャンパスを埋め尽くすか、そして夏になると学生の姿がまばらになって、それを幸せと感じることに驚きます（誤解しないでくださいね。二人とも学生は好きですよ。でも、人がほとんどいないキャンパスにはどこか牧歌的なところがあるのです）。

最初の授業の日、せわしなく動く学生でキャンパスが埋め尽くされているとき、私たちは自分の教職経験で過ごした他の最初の授業の日と心理的な距離が近いと感じます。何十年もの教職経験が一日に凝縮され、年月が飛ぶように過ぎ去ったかのように感じられるのです。

これに似たサイクルはだれもがその人生で経験します。学年の最初の日とは関係ないにしても、毎年やってくる祝祭日や誕生日、結婚記念日に関係するかもしれません。このような機会に、現在の経験が過去の似たような記憶を呼び起こすヒントとして働きます。記憶が詳しければ詳しいほど、時間や空間の点でより近くに感じられ、そのために、現在と過去を隔てる年月がそれほど長くは感じられないのでしょう。

新しい経験で満ち溢れている人生は、思い出が映るバックミラーで振り返っても、ぼやけて見えることはあまりありません。ですから、人生経験を積んでいるうちは、より満足の行く過去の知覚につながる記憶を作ることができるでしょう。この知覚とは、新たな経験の記憶によって増強されるものです。新しいことを試し続けてください。新しい趣味を見つけ、新しい音楽に耳を傾け、新しい友達に出会い、新しい本を読み、新しい場所を旅してください。

人は人生に何か新しいことを加えるたびに、将来の記憶への必要条件を作ります。それは、満ち足りて意義のあった年月の思いです。人生が満足できるように日々に豊かさを加え、その日々を振り返るときのために。

年をとると、時間は飛ぶように過ぎていくもの。

16　寛大なことはなぜ強力なのでしょうか？

洞窟から一歩も出ずに隠遁生活しているのではないかぎり、何らかの方法でだれかから不当に扱われるのは避けられないことです。個人が受ける不快感はたいしてひどくないこともあります。自分が見たいと思っている映画があって、みんなで一緒に見に行こうと友だちと話していたのに、その友だちが声をかけ忘れるという場合があります。みんなで出かけたのに声がかからなかったことでちょっとは傷つくかもしれませんが、それでこの世の終わりだと悲観することはないでしょう。

でも、犯罪が絡むとなると事態は深刻です。シンガーソングライターのレナード・コーエンは数年間、禅寺に住んでいました。家を空けている間、マネージャーがコーエンの何百万ドルものお金を盗みました。その結果、彼は生計を立てるために七〇代になって巡業に戻らなければなりませんでした。

映画に連れて行ってもらえなかったからといって恨みをずっと引きずるのはおかしいと思われるでしょう。でも、信頼していた相談相手に老後の蓄えを盗まれたら、盗人にずっと腹を立てていても無理はないでしょう。

すべての人間関係では、ある行為をする（または行為をしない）ことで一方が他方を傷つけてしまうことがあります。他人を傷つけるつもりである行為をする（しない）場合もあれば、まさしくそのつもりがあっての場合もあります。そして、こういった出来事の後は関係が変わります。

たとえばアート先生とボブ先生のように、ラジオ番組の収録で定期的に会う二人がいるとしましょう。ある朝、アート先生はスタジオに来るとき、番組のプロデューサーのレベッカと技術担当のデイヴィッドに朝食のタコスとコーヒーを持ってきたのに、ボブ先生には何も持ってきませんでした。この時点で、ボブ先生は失礼な行動をされたと感じても当然です。ちょっとしたしぐさなどで腹立たしさを表に出そうとしたかもしれません。

（ところで、読者のみなさんはこんなことはたいしたことがないと思われるでしょう。朝食のタコスがうれしいと思ったことがまったくない、テキサス州生まれ以外の人にとっては特にそうでしょう。でも、朝食のタコスは炒りタマゴ、アボカド、煮豆などが小さなトルティーヤ〔訳注：小麦粉やすり潰したトウモロコシの薄焼きパン〕に巻いてあって、朝食の中でも極上のものなんですよ。ですから、朝食のタコスの楽しみを奪うなんてたいへんな無礼なんです。それに、アート先生はそのことを承知しています。また、ボブ先生もアート先生がそれを承知していることを知っています）。この時、アート先生とボブ先生の関係に小さな裂け目ができています（まだ、ボブ先生の目にも涙がにじんでいます）。ここで、ボブ先生が朝食のタコスとカフェインが必要だったことに気づかなくてすまなかったと、アート先生がボブ先生に謝るのが当然だと、みなさんは思うかもしれません。謝ることで、アート先生がボブ先生に悪いことをしたと気づいていることのしるしとなります。また、自分の行動がボブ先生を傷つけたとアート先生がわかっているので、今後、同じようなことをする可能性が低くなるというしるしにもなります。ただし、アート先生がもし普段から信頼できる人なら、ボブ先生はアート先生の謝罪を真剣に受け取ろうとするでしょう。反対に、アート先生が以前ボブ先生を軽蔑してきたのならば、ボブ先生はアート先生の謝罪を聞き入れないかもしれません（「あー、またか」という気持ちで）。

ボブ先生がアート先生を許すと決めたら（いつもそうしますが）、許すことで過去のいさかいは現在の交流に影響する主な要因にはならないと、アート先生に伝えていることになります。また、許すことでボブ先生は、アート先生が配慮に欠けた行動を起こす前の関係の状態に（事実上）戻そうとしていると伝えています。このように伝えてもらえるとアート先生は明らかに助かります。というのは、ボブ先生に会うたびに自分の過ちを思い出す必要がなく、ボブ先生との現在の交流関係に焦点を合わせ始めることができるからです。

許さないでおくと、他人が自分に対して犯した過ちの細かい点を忘れるのが難しくなるということを研究が示しています。一方、そのような過ちを許した場合は、過去に起こったことの細かい点を忘れるようになります。ですから、ボブ先生がアート先生を許したときから、アート先生が朝食のタコスをボブ先生に持って来なかった、あの不愉快な日の細かい点が少しずつ記憶から薄れていきます。そのため、二人はまた仲良くなれるのです（アート先生がタコスには欠かせないトッピングのグアカモーレを忘れない限りは）。

（親切で寛容だという性質以外に）ボブ先生がアート先生を許そうとする理由の一つに、アート先生が年下だというのがあるでしょう。研究では、一般に年配の人は若者よりも寛容だということが示されていますが、これには理由がいくつかあります。その一つは状況です。さまざまな軽蔑を受けて不快な経験をしても、若いときはどういったものが生涯残るかの見分けが難しいのです。年をとるにつれて、不快な経験につながった悪いことの多くは本当はそれほど悪いことではなかったと気づき始めます。人生の初期にはずいぶんひどい侮辱だと思ったことがあっても、年齢的に熟した観点から状況を見て、同じ侮辱が後々まで自分の人生の質に影響することはないと思われることがあります。ですから、侮辱を水に流して忘れるのが簡単になりがちなのです。

年配の人の方が寛容だといわれるもう一つの理由は、年をとるにつれて性格が少しずつ変化するからです。ここで核となる性格特性は（「ビッグ・ファイブ」の一つの）「協調性」ですが、これは人とうまくやっていきたいと思う程度のことです。また、もう一つの鍵となる特性は（これも「ビッグ・ファイブ」の一つである）「精神安定性」で、これは人が普通に経験する不安やストレス、感情のエネルギーの量のことです。年をとると協調性が高くなる傾向にあり、人とうまくやっていきたいと思うことが多くなります。また、精神がより安定し、人生でストレスや不安を感じることがより少なくなります。この二つの性格が変わるため、不当に扱われたときにも許すことが楽になるのです。

もちろん、到底許すに値しないひどい行為もあります。レナード・コーエンは元マネージャーの裁判で証言し、お金を盗まれたことに加えてどのような嫌がらせを受けたかを話しました。コーエンは当然の報いを求め、結局、元マネージャーは投獄されました。その出来事を単に忘れられないこと、元マネージャーが罰せられるのを見ずには踏ん切りがつかないことを十分に理解していました。

でも、個人間の関係に入ってくるほとんどの不快な出来事は法廷で解決されるものではなく、何らかの解決に至ればその関係にとってプラスになります。個人間の関係では、解決は許すという行動に始まります。熟練したセラピストは、顧客に対して何か（時にはひどいこと）をした人を許す手助けをすることがよくあります。これは、人生をこれからも生きていく上で助けになるからで、取り消せない辛い思いの原因となっている行為を永遠に思い出しつづけないためです。このように、許すことで過去にあった不当な扱いに対する恨みから来る否定的な感情をやり過ごして楽観的意識を取り戻し、自分の人生をコントロールできるよう促します。

（文字通り）水に流して忘れよう。

17　私たちの思考はそもそも一貫性があるのでしょうか？

私たちはみな、矛盾した考えを持っていても（少なくとも表面上は）まったくそれを感じておらず、実は支離滅裂なことは一般的によく見られます。でも、考えが首尾一貫している状況もあります。

数年前、ボブ先生に新車を買う時期が来ました。大学のキャンパスで駐車するのに便利で、燃費がよい車がほしいと思っていました。先生はいわゆる「カー・マニア」ではありません。運転するのは好きですが、（アート先生の好みと違い）高性能のスポーツ・カーは要らないと思っています。

車をいろいろと見ましたが、どれも一長一短でした。ミニクーパーはかわいくて運転しやすいのですが高価でした。フィアットは小さくて運転や駐車が楽で、少し安いのですが、アメリカで発売されて間もなかったので信頼性に不安がありました。スマートという車はたいへん小さく、燃費も非常によくて駐車も楽ですが、大学がある街の中を走り回っている巨大なSUVの脅威に絶えずさらされます。

徐々に、ボブ先生はスマートが自分に合っていると思い始めました。そろそろ決めようと思っていたところ、おもしろいことが起こり始めました。値段はもちろんのこと、小型車の便利さと燃費の重要性に焦点を合わせるようになったのです。時間が経つにつれて、道を走っている他の車の大きさについて心配しなくなりました。つまり、スマートが好きになり始めると、買おうとしている車のどの要素がいちばん重要かという考えも概して変わったのです。考えがこのように変わったことで、スマートを買う決心がつきました。

ボブ先生が経験したようなことは、思考の多くの面に共通した、一貫性が広がっていく典型的な例です。

一貫性のない考えが多くても満足しているのに、どうして一貫性が広がっていくのでしょうか？

このことを理解するには、記憶の種類の基本的な違いについて考える必要があります。人には知っていることがたくさんあります。たとえば、アメリカ人であれば二〇一一年九月一一日にテロ事件が発生したときの大統領はジョージ・W・ブッシュだったことを知っているでしょう。また、ロジャー・バニスターは一マイル（一六〇〇メートル）走で初めて四分の壁を破った陸上選手だと知っているかもしれません。さらに、水の化学式はH_2Oだということを知っているかもしれませんね。

こういったことは、知ってはいても、たぶん数分前までは考えていなかったでしょう。その代わり、このような知識は「長期記憶」にありました。長期記憶は知っているすべてのことから成り立っています。聞いたことがある事実や物語、過去に経験した出来事の視覚的記憶、会ったことがある人の名前などが長期記憶に含まれます。この種の記憶のすごいところは、何年間も何十年間も覚えていることがある点です。確かに、八〇代になっても子どものときのことを細かく思い出すことができます。

長期記憶の中にある記憶は互いに一貫性がなくてもかまいません。たとえば、「飛ぶ前に見よ」（転ばぬ先の杖）と「見る前に飛べ」ということわざを両方とも知っていても、反対のことをいっていると気づかないかもしれません。意味が対立しているという事実は気にもしないで、このような矛盾したことが長期記憶の中に問題なく共存します。

ジョージ・W・ブッシュ、ロジャー・バニスター、H_2Oという文字を読んだとき、この知識は長期記憶から「作業記憶」へ取り出されました。前にもお話ししたとおり、作業記憶は現在考えていることに関連した情報です。この本をお読みになっている間、（記憶、注意、習慣、性格といった）心理学の多くの概念が作業記憶に入っている可能性があります。でも、ロメイン・レタスやフラフープ、ライス・クリスピーのような無関係な情報は（少なくともここでこれらに触れるまでは）作業記憶には入りません。

作業記憶には制約があります。どんな場合でも、その瞬間に考えている内容を実際に左右する知識は、比較的少ないのです。いくつかの情報が作業記憶に一緒に入ると、一貫性を保つようにそれらを判断する圧力がかかります。ボブ先生が考慮していた車についての考えは、時が経つにつれて変化していく好みとより一致していきます。なぜなら、いろいろな車のこととその特徴を同時に考えていたからです。つまり、車についての情報が長期記憶に格納されているのではなく、作業記憶で活性化されたのです。

その結果、スマートの美点や重要性と一貫性のある知識が増加して、ボブ先生がスマートをどんどん好きになっていき、一貫性のない情報は減少します。しばらくして、ボブ先生はスマートが自分に合うと納得するようになりました。

同様に、前に触れたことわざの両方を信じて満足している一方、両方が作業記憶に同時に保持されていると、両者の矛盾に気づいて、その矛盾を解決し始めるように刺激を受けます。

作業記憶で活性化している情報を一致させる力は、選択に関係した好みだけでなくさまざまな種類の意見に影響します。「認知的不協和」の典型的な例も同じように機能します。レオン・フェスティンガーの認知的不協和理論の背後にある概念は、二つの矛盾する考えを同時に熟慮すると、熟慮する行為に不快感を覚え、矛盾を解決する方法を見つけようとします。意識的には解決しないかもしれませんが、心理的な働きが考えをより一貫したものにします。

たとえば、（もうみなさんもご存知かもしれませんが）アート先生は自分自身を高く評価しています。しかし、仕事で重要な賞をもらったことがありません。アート先生がそれほどの大物だったら、何らかの賞をもらっているはずだと思われるでしょう。こういった考えはアート先生の大きな悩みの種となる可能性があります。結局のところ、ボブ先生は重要な教員賞をたくさんもらっているのです。

自尊心に対するこの脅威にアート先生が対処する方法は、賞というのは所詮それほど重要なものでないと思い込むことです。友だちや（ボブ先生のような）同僚が賞を受けるのは確かにうれしいけれど、こういった賞にはそれほど意味がない、と信じます（少なくとも自分がそういった賞を受けるまでは）。こうして、アート先生は賞に関するすべての事実（賞が存在すること、同僚がたくさんもらっていて自分はもらっていないこと）を知っていて、それでも自尊心を持ち続けることができています。

作業記憶に入る考えの一貫性には事実が関わりますが、印象や感情もあります。ボブ先生が車を買う例を考えてみましょう。フィアットを買おうと真剣に思っているところに、大嫌いな理事がフィアットを買ったと知ったとしましょう。これで、先生のフィアットに対する印象が悪くなるでしょう。この否定的な感情はフィアットの特徴についての考えにも影響し、それまでフィアットの優れた特徴だと思っていたものがそれほど重要に思えなくなり、信頼性についての情報がないといった要因が大きな問題になります。

結局は、ある時点でほぼ同時に作業記憶にある事実の間の一貫性を求めているだけなのです。この一貫性の働きは「基準変更の効果」につながります。私たちは、ある人と他の人を比べるのにその差を指摘する多くの説明を使います。たとえば、大学時代の友人で、真相を見抜く力が特に優れていると思っている人がいたとします。その友人の論拠はいつもはっきりしていて、自分では考えもしなかったような論点を指摘していました。何年か経って、その友人のことを思い出すと、あの人には洞察力があったなと考えます。

そして、何年も会っていなかった後、その友人と再会しました。驚いたことに、会話は楽しかったものの、独特の観点で新しい状況を見ているようではありませんでした。何が起こったのでしょうか？　初めに洞察力があると友人を分類したとき、自分や大学時代を一緒に過ごした人たちと友人を比べていたという可能性を考えてみましょう。そのグループと比べると友人は洞察力があったのでしょう。でも、世間の経験を積んでいろいろな人たちと交流するにつれて、「洞察力がある」とはどういう意味かの定義が自分の中で変わったのです。

一方、友人に割り当てた「洞察力がある」というラベルは、その人についての考えを更新する機会がなかったため、何年間もずっとそのままになっていました。大学時代以来その友人のことを考えていなくて、その友人の洞察力を現在もっと頻繁に交流する人たちの洞察力と比べる方法がありませんでした。つまり、友人に付けたラベルは長期記憶にあり、再会するまでは他の人の洞察力と積極的に比較されなかったのです。

ここまでお話ししたことは、情報が長期記憶に格納された場合ではなく、その瞬間に何かを考えている場合の思考や信念の一貫性が優先することを示唆しています。つまり――

一貫性＝現状＋意識＋比較

18 信念はブレないのでしょうか?

あるレベルでは、ほとんどの人の思考はむしろ支離滅裂でブレがあるようにみえます。たとえば、価値があると思われることわざはいろいろありますが、そのうちの多くは矛盾した教訓を伝えています。(たとえば、「飛ぶ前に見よ」(転ばぬ先の杖)と「見る前に飛べ」のように)それぞれのことわざには反対の心情を表すものがあります。違った状況では、これらがそれぞれ真実を表していることを進んで受け入れます。実のところ、信念体系には著しい矛盾が組み込まれていることがよくあります。それは単にことわざをたくさん学んだからではありません。

たとえば、二一世紀初頭の米国では、政治的な「保守派」が末期患者の安楽死は認めているのに中絶に反対し、そのような保守派の多くが有罪判決を受けた殺人犯を死刑にし、敵とみなされたものに戦力を使うことをいまだに支持しているのは珍しくありません。人命の神聖さに訴えて中絶や安楽死についての信念を主張しますが、刑罰や国家の安全保障については例外として区別します。政治的「左派」でも、マリファナの喫煙や同性愛者の結婚については個人の自由を支持しますが、ヘイトスピーチや銃所持となると個人の自由を制限する方を支持するのが普通です。だから、個人の自由がアメリカ社会のたいへん重要な特徴であるという信念は、行動の一部にのみ拡大適用されるのです。

誤解のないように申しておきますが、ここではこのような信念の価値を判断しているわけではありません。でも、自分の信念を導く(人命の神聖さや個人の自由の重要性などの)核となる原則を持っていると主張していても、同時にこのような原則と矛盾する意見を持つことがあり、その矛盾に気づいていないことがよくあります。

もちろん、この問題の一部は実用に関するものです。自分が持っていて破りたくない核となる原則を「保護価値」といいます。保護価値を持っていると、破りたいとは考えもしません。また、保護価値を他人が破ると、腹が立ったり激しい憤りを感じたりします。自分が持っている保護価値を破ることを考えると、罪の意識や不名誉を感じます。

たとえば、アート先生はニュージャージー州に育ち、家族はニューヨーク・メッツ球団のファンでした（幸いなことに、ボブ先生は子どものころはスポーツのチームに対して強い忠誠心を持たなくてもよかったのです）。メッツのファンはメッツ自体と、ニューヨーク・ヤンキースと戦っているチームが好きというタイプの人たちです。その結果、ヤンキースを毛嫌いするのは保護価値です。確かに、子どものころでさえも、ヤンキースのファンと話すだけでもアート先生は怒り心頭でした（幸いにも、アート先生は大人になって落ち着きが出てきて、ヤンキース・ファンの友だちが何人かいると誇りを持って言います。でも、その友だちは道を誤っていると感じてはいますが）。さらに、アート先生はヤンキー・スタジアムに試合を見に行く機会がありましたが、長い間そのことに後ろめたさを感じていました。実際、今でも少し恥ずかしく思っています。

要は、保護価値が増えると、いつかは競合することが大いにありえます。中絶や安楽死に反対していても、殺人犯に対して死刑を執行したり、アメリカ人の生活やその価値観を脅かすと考えられる体制に対して武力を使ったりすることに賛成する人たちは、この種の競合を経験しています。人命の神聖さと国家の安全保障の重要性という二つの確固たる価値を持ちながら、状況が違うと二つの価値のいずれかを選択する必要に迫られます。

しかし、ここで興味をそそられるのは、そういった選択がはっきりしているのはめったにないことです。実は、ほとんどの人は自分の考えがこのように矛盾していることに、そうと指摘されるまで気づきません（保護価値については、この本の最後の方でまた触れます）。

ここで、信念の一貫性について最初に指摘した点に戻ります。つまり、脳はそんなことは構わないのです。

すでに知っている何か他のことと矛盾すると後になってわかる新しい事実を知っても、脳にはその矛盾を指摘して強制的に解決しようとする自動的な機能がありません。代わりに、一貫性のない二つの別の考えを単にそのまま持つことになります。

どうしてこういったことが起こるのでしょうか？

人間が持つ大まかな意見は、ある状況のみに当てはまります。人間の言動を理解するコツは、その言動が起ころうとしている際の状況を知ることです。

そして、信念についても同じことがいえます。「私は人命が神聖だと信じる」とか「個人の自由を信じる」といっても、それには「その他の条件が同じならば」という免責条項を暗に含んでいます。でも、大まかな意見や価値の声明を破ることになる状況はほとんど必ずあります。

脳は自分が信じている規則の例外をすべて列挙する作業がたいへんすぎるので、代わりにより簡単な作業をします。信念を特定の状況と関連づけ、関連する状況でその信念を引き出しやすくします。

ボブ先生が国立公園に旅行したとしましょう。公園のいたるところにクマに注意するように看板が立てられていて、先生はクマに近寄らないようにすることと、クマを怖がらなくてはいけないということを学びます。それで、今度はボブ先生が動物園に行ったとしましょう。動物園にもクマはいますが、先生はそこにいるクマを怖がることはありません。というのは、先生をクマから守る濠や柵があるからです。

理論的にいえば、ボブ先生は「クマを怖がること」という規則を学び、その規則に対するあらゆる種類の例外を学びました。または、先生は規則とその規則を学んだ状況を一緒に学習したといえます。そうすれば、今後、もう一度その状況になったときに情報を思い出しやすくなります。

たいていの場合、ボブ先生がクマに遭う可能性は低いので、クマのことを考えることはほとんどないでしょう。国立公園（または林のように、国立公園に似た場所）で先生はクマに遭遇するかもしれませんが、そのような状況でクマが危険だという情報を引き出せれば役に立ちます。一方、ボブ先生が動物園のクマについて考える場合、動物園にはクマと不必要に遭遇しないように保護する補強の仕組みがあるという設定でクマについて学習しているので、クマを怖がりません。

この仕組みがかなりうまく働くため、たいていの場合は自分の信念が矛盾しているという事実について考える必要がありません。ただ、矛盾した信念を思い浮かべると、一貫性がないことに気づいてしまいます（それに、矛盾を指摘するのが大好きな人が世の中には掃いて捨てるほどいて、特にインターネットではその傾向がありますね）。そういった状況では、選択肢が二つあります。

その一つは「状況次第」戦略に従うことです。この場合、信念が本当は矛盾していないと心に留めておきます。その代わり、一方の信念はある状況に適用し、もう一方は別の状況に適用するとします。

でも、時にはどちらか一方を選んで、信念の競合を解決することがあります。この戦略は科学で使うものです。科学的に研究するとき、世界の何らかの側面を説明しようと競合する理論が存在する場合がよくあります。二つの理論が互いに矛盾するとき、データを使ってどちらを信じるべきかを判断します。理論が間違っているかどうかを判断するのにデータの収集と分析に頼るのは、科学における保護価値です。科学的過程では、対立を解決するために、対立する考えを完全に並置することを強制します。

個人は日常的にはそのような板挟みを強いられることはあまりありません。だれかがあえて指摘するか、何かの機会に矛盾を強調されるまで、ある信念はそれと対立する信念と問題なく共存できます。場合によっては結果として起こる不一致のため、価値を入念に再検討することになるか、話題を急場しのぎで正当化したり急に変えたりすることになります。こういった行動がおもしろいのは、たとえ異議を申し立てられたとしても、まったく異なる信念を苦もなく心に抱けることです。

おそらく米国の詩人ウォルト・ホイットマンはこう言って最高の返答をするでしょう。「僕は矛盾しているか？　それでもいい、僕はこれからも矛盾する。（僕は大きくて、すごくたくさんのものからできている。）」（『草の葉』より。訳：的野裕子）いい答えです。

心理学の分野で最も重要な語は「状況次第」。

19　新しい言語を覚えるのが難しいのはなぜでしょうか？

米国のほとんどの人は意外にも言語を一つしか話せません。英語以外の言語でその言語の話者と会話ができるほど自分が堪能だと感じている成人の数を適切に見積もるのは難しいものの、だいたい一〇パーセントから三〇パーセントの間と推定されています。妥当なところとして、米国の成人のわずか四人に一人しか第二言語をうまく話せないと思われます。

でも、これは努力が足りないからではありません。米国のほとんどの学生は中学校か高校で第二言語の授業に登録しています。多くの子どもが数年間も第二言語を勉強するのに、ほとんどが話せるまでには習得しません。

これはなぜでしょう？

この問題を広い視野から見ると、幼少期に複数の言語に触れた子どもがどうなるかに注目する価値があります。二つの言語を話す家庭で育った子どもは、一つの言語を話す家庭に育った子どもよりも言葉を話し始める時期が多少遅いかもしれませんが、二つの言語を苦もなく学び、両方の言語を使い続ける限りはその二つを流暢に話すようになります。ただし、すべてのバイリンガルの子どもが二つの言語で読み書きできるようになるわけではありません。つまり、両方の言語を流暢に話せても、両方の読み書きは学習できていないかもしれないのです。

また、家庭で一つの言語しか話していない家に育った子どもでも、まだ小さいうちに家の外で第二言語に触れる場合があります。これは、人々に一般的に話されている地域言語があって、その他に学校で教えているその国の公用語があるような国では最も一般的です。そのような場合、四歳か五歳になるまで子どもは第二言語に触れることがないかもしれませんが、それぞれの言語を使う状況がはっきりしているため、こういった環境に育った子どもも二つの言語を流暢に話すようになります。

ただし、観察結果の中でも意外なのは、子どもが新しい言語に触れるのが思春期に近くなるほど、その言語を母語話者のように話せるようになるのが難しくなるということです。このように習得が難しくなるのにはいくつかの要因がありますが、一番の理由は統計に関するものです。

言語を習得するためには言語音の統計的分布に気づくことが大いに関係しています。すべての言語は「音素」と呼ばれる多くの違った言語音から成り立っていて、幼年期であっても、人間の脳はある音素が他の音素に続いて現れる可能性がどれほどかを計算し始めます。外国語の映画を観た人ならわかることですが、なじみのない言語の文は、音素が長く途切れずに続く列のように聞こえるでしょう。ある語がどこで終わって次の語がどこから始まっているかがほとんどわかりません。でも、幼年期の脳では優れた計算がまったく自動的に行われていて、話の内容を理解できるようになる前にその言語の基本的な構造を学習する助けになります。

文法には語順、名詞と動詞の語尾の「一致」、新しい文の意味を作るのに語をつなげて文にするためのいろいろな要因が含まれます。この場合も統計が関係してきます。

ほとんどの母語話者は言語を使用するための規則に確実に従いますが、そういった規則が実際にはどんなものかはっきりと言える母語話者はほとんどいません。いろいろな種類の新しい文を作ることができても、語を並べる規則をすべて言葉にするのはおそらく難しいと思うでしょう。なぜ難しいのかというと、こういった規則を学んだときに、ゆっくり時間をかけて聞いたり使ったりするだけで暗黙のうちに（つまり意識的に気づくことなく）文を作っていたからです。

もちろん子どもも言語を使いますが、言語について明確に考えるのに多くの時間を掛けることはありません。それに、言語について考える心構えもできていません。脳の前頭葉は概念的な情報を入念に分析するのに関わりますが、小さい子どもではあまり発達していなくて、聞こえる音声を分析して言語を学習する方法を使う代わりに、他の人とのやりとりに集中します。

そして、言語に関わる前頭葉の部分は子どもが思春期に近づくにつれてどんどん発達していきます（ただし、この部分は二〇代初めに達するまで発達が完了しません）。ですから、一〇代初め以降に言語を学習し始めると、自分がやろうとしていることを分析する方法を取る傾向があります。押し流されるように言語を浴びて、聞こえてくる音からいろいろな種類の統計をこっそり脳に計算させるのではなく、文の中でどんな語が他の語の後に来るかの規則を学習するのに注目します。

言語の規則は高校の言語の試験で設問に答えるのには重要ですが、実際に素早く効率よく意志を伝えるのにはあまり役立ちません。逆説的ではありますが、一〇代の間に批判的思考が急速に発達するため、自分の行為を分析するのがうまくないころに比べて、言語を学ぶのが難しくなります。

子どもが思春期になると言語を学ぶのが難しくなる第二の要因はきまりが悪いと思うことです。にわかには信じがたいと思いますが、本当にそうなのです。言語を学んでいるときに、きまりが悪いと思ってしまうんです。

言語の学習にいちばん大切な必要なのはその言語を実際に使うことです。母語話者と会話をすると、その言語を実際に聞くことができて、母語話者のアクセントを実体験できます。まだ覚えたてで間違ってばかりのときに言語を話すには、基本的な語を覚えて文の中でその語を使えるようになっていなければなりません。でも、(大人の同僚や友人たちは言うまでもなく)中高生としばらく時間を過ごすと、自分がどう思われるかをたいへん気にしていることがわかります。仲間の目の前できまりの悪い思いをするのは楽しいことではありません。しかし、覚えたての言葉で何かを言おうとするのは、間違いなく少なくとも多少はきまりの悪い思いをするものです。たぶん単語を間違って使ったり、発音を間違えたり、文法を間違えたりするでしょう。たった一つの文の中で、そういう間違いを全部やってしまうでしょう。

そうなると、特に他人の前で間違いを避ける最も確実な方法は、何も言わないことです。

そして、米国で子どもに言語を教え始めるのは、新しい言語を使って意志を伝えたいとほとんど思わない年齢だという、避けられない結論につながります。青年期では一般にクラスメートの前で間違いを犯すのを避けるので、言語をあまり使わなくなり、その結果、実際に第二言語の話し方を少ししか学習しません。

新しい言語を学ぶのが難しくなる第三の要因は、その言語で使われる音(音素)に関係しています。たとえば、英語では文字「r」で示される音と文字「l」で示される音を区別します。でも、日本語ではこの区別を使いません。英語で「r」と「l」で区別される音は日本語では一つの音素に分類される音なので、日本語を母語とする人が英語の「r」と「l」の音を聞くと、同じ音の変種だと思ってしまいます。

結果として発音の間違いが起こりますが、音を出すために必要な唇や舌の動きができないからだけでなく、音の違いを把握できないからです。ある言語の音素に含まれる変種の多くは母語話者でさえも知覚できません。たとえば、英語話者が「pit」と「spit」という語を発音した場合、二つの語の「p」の音は実際は違います。ほとんどの話者はこの違いに気がつかないでしょう。「pit」の「p」では息が出ますが「spit」

の「p」では息は出ません。顔の前に手のひらを持っていき、それぞれの語を発音してみるとわかります。実際に息が手に当たるのを感じられますね。英語ではこのように息が出るか出ないかで意味の違いが起こりません。この場合「p」音の変種として聞こえます。しかし、韓国語のような言語では、この二つの音は語を区別するのに使われるため、韓国語の話者はこの違いに敏感です。

また、他の言語ではよく使われる音で英語ではまったく使われないものもあります。たとえば、ドイツ語の「ich」(私)という語の最後の音は、英語話者にとっては咳払いのように聞こえる音素です。ヘブライ語やアラビア語でも似た音を使いますが、英語では使いません。こういった場合に英語話者の壁となるのは主に音を出すときの問題です。今まで発音したことがない音を学ぶにはたいへんな苦労が伴います。

たいへん意外なことに、赤ちゃんは、人間のあらゆる言語の単語を作るのに使われる音声を区別する能力を持って生まれてきています。人間の聴覚系にはそのような能力が元々備わっているのです(それも追加料金なしで)。でも、時が経つにつれて、母語では意味がないなら、上に説明したような区別をする能力が失われます。そして後になってこのような音に意味がある言語を学ぼうとすると、はっきりと母語話者に理解されるように話すのに苦労するのです。

最後に、言語には規則に全然従わない側面があります。どういうことかというと、言葉遣いの中には規則にまったく基づいていない面があるのです。そういうものは単に覚えなければなりません。

たとえば、英語話者でも「前置詞」についてよく考えたことはおそらくないでしょう。これは他の存在との位置や動作の関係を特定する語で、「in」、「on」、「at」があります。また、英語話者なら英語の前置詞の仕組みを正確に理解していると思われるかもしれませんし、ほとんどの話者と同じであれば、特におかしいと思うこともないでしょう。それでも、実際にはたいへんおかしいのです。

前置詞「on」について考えてみましょう。この語は何かの表面の上にある物体についていうのに使います。でも、物体が表面で支えられている場合もあれば（the apple is *on* the table）、物体が単に表面に触れているだけの場合もあります（the picture is *on* the wall）。さらにややこしいのは、何かが表面で支えられているのに別の前置詞が必要な場合があります（the apple is *in* the bowl）。

もっとややこしい話をすると、前置詞は言語によって少しずつ違っているのです。英語ではテーブルの上に乗っている物体にも壁にかかっている物体にも同じ前置詞（「on」）を使いますが、オランダ語ではこの二つの場合には違う前置詞を使います。ですから、それぞれの前置詞をいつ使えばよいかを母語で習得しても、新しい言語での前置詞の使い方を理解できるというわけではありません。実に、新しい言語を学習している成人は、その言語の他の面よりも前置詞の間違いを犯すことが多いのです。

文法一般と同じく、ある言語の前置詞を覚える最もよい方法は、前置詞を含む文を聞き、そういう文を使い、意味と使われている場合の統計を考慮して、いろいろな状況でどの前置詞が適切かを脳に識別させることです。この種の間接的な学習には対象の言語に触れる機会をできるだけ多くするのが必要ですが、進んでその言語を使っているグループの一員にならないとそういう機会を得るのは難しいでしょう。

ここまで申したことは、言語の学習は簡単な面も難しい面も両方あるのを示しています。実際、子どもにとっては簡単で、年齢が上になるにつれてだんだん難しくなっていきます。そして、思春期に達するころには、新しい言語を母語話者のように話せるようになる可能性は低くなります。でも、大人になって新しい言語をわざわざ学ぶことはないという意味ではありません。実は、多くの知的課題と同じく、新しい言語を学ぶのは脳を活発に動かし、この本の他の章で触れている多くの恩恵を得るのに極めて効果的な方法です。ただし、大人になってから新しい言語を学習するのは、子どものころに学習するのとは違い、より難しいという事実は確実に存在します。

言語を分析的に見て完全な文を言おうとするのを目的とせず、その言語の音に自分自身を浸し、何をやっているのか（特に）自分でよくわかっていなくても、その言語を話す機会を利用しましょう。

まとめると、ある言語を学習して母語話者のようになりたいのなら——

考えるな。ただ聞いて話せ。

20　右脳は左脳と違うのでしょうか?

脳の形を見ると、だいぶ対称的に見えます。右側と左側は概して同じ形をしています。しわもだいたい同じ場所にあります。それでも、おそらく「左脳派」や「右脳派」と言っている人の話を聞いたことがあるでしょう。右脳は創造性、芸術、音楽を連想させます。

これはどういうことでしょうか?

この違いはロジャー・スペリーとその学生だったマイケル・ガザニガが行った研究から来ています（後に、スペリーはノーベル賞を受賞しガザニガは認知神経科学の第一人者になりました）。スペリーの研究が示唆したのは、重症のてんかんに対する治療法の一つとして、「脳梁《のうりょう》」と呼ばれる繊維の太い束を切断し、脳の半分ずつ（つまり半球）を分離することでした。スペリーとガザニガは、てんかん性発作は発作が起こった脳の半球に限定されていて、もう一方の半球には影響がないと提唱しました。

そして、彼らは正しかったのです。確かに手術によって発作の強さを制限できました。でも、手術を受けた患者に別の重大な結果が現れました。脳梁を切断するのは脳の一方の側から他方へと信号がほとんど伝達されないことを意味し、そうすると知覚によって得られる外界の情報の一部が即座に脳全体に行き渡らないため、大きな問題になります。視覚では、視野の左側にある物体は最初は脳の右側で処理され、一方、視野の右側に提示された物体は最初は脳の左側で処理されます。

ここではっきりしておきたいのは、「左側」は身体の左側で左目ではないということです。視野の左側からの光は左右両方の目に入り、それぞれの目の網膜（目の奥にある光を感知する細胞がかたまって敷物状になっている部分）の右側に突き当ります。両方の目の網膜の右側からの活動は最初に脳の右半球に入ります。同様に、物体から身体の右側へ反射した光は両方の目の網膜の左側に突き当り、網膜の左側からの活動は最初に脳の左半球に入ります。

正常な脳では、右半球と左半球からの信号は脳梁を通って素早く交換されます。でも、脳梁を切断された患者では、信号が脳の一方の側からもう一方へと交差できず、見たものの視覚情報は信号を最初に受けた半球に残ってしまいます。

スペリーとガザニガは、切断手術を受けた患者に数々の実験を行いました。前を向いたまま、印刷された単語が視野の左側か右側のいずれかに患者に一瞬だけ提示されます。単語が視野の右側に現れた（単語が脳の左側で処理される）場合、患者は自分が見た単語が何かを言うことができました。でも、単語が視野の左側に現れた（単語が脳の右側で処理される）場合、患者はその単語が何かを言うことができませんでした。

これは、脳の半球はある意味で別々の仕事に分化されていることを最初に示した研究です。確かに、右利きのほとんどの人では言語中枢は主に脳の左半球にあります。この発見は、脳の左側で卒中を起こしている患者の方が右側で卒中を起こしている患者より言語障害が発生する可能性がはるかに高いという初期の研究に関係しています。

ただし、ここで注意したいのは「右利き」という点です。（アート先生のような）左利きの人は（少なくとも脳の組織から見て）ちょっと変わっています。左利きの人の一部では、言語中枢が主に左半球にあります。でも他の左利きの人は反対で、言語は右半球が優位です。さらに、脳の両側に言語中枢がある左利きの人もいます。そのため、言語と脳の関係を調べる多くの研究を見てみると、右利きの人だけを対象にしています。
こういった初期の研究でも、脳の右半球も言語の処理に何らかの形で関わっているという証拠があることに注目するのは重要です。たとえば、患者が左側に一瞬提示された（脳の右側に入る）単語を見ると、物が入った箱に左手を入れて、その語が表す形の物体を取り出すことができました。「星」という語を見ると、その語を言うことはできなくても箱の中から星型を取り出せました。でも、正しい物体を選ぶためには患者は左手を使わなければなりませんでした。なぜなら、左手は脳の右半球で制御されているからです。

このような初期の研究以来、半球の違いに関する多くの研究が行われ、知覚と思考の興味深い数々の特徴が明らかになってきました。たとえば、多くの人は音楽を聞いたり音楽について考えたりすると、脳の右半球に優位な活動が見られます。こういった発見は興味深いもので、脳がどのように構造化されているかの多くの情報を提供してきました。

また、このような研究結果は一般の人々の想像力を引き付けています。半球の優位性についての理解が深まることで理論が世に広まるにつれ、特定の場合に限定され、注意深く表現された研究報告が過度に一般化され、誤用されていることもよくあります。学校の勉強は子どもの「左脳」の働き、つまり言語、科学、数学の技能を伸ばすのを強調しすぎていて、子どもの「右脳」の働き、つまり全体的、芸術的な技能を十分に伸ばしていないと主張する人がまだたくさんいます。多くの人は自分を主に「右脳派」か「左脳派」に分けて、分析的か全体的／創造的かという意味で使っています。

実は、正常な脳では情報は両方の半球で常に共有されています。それぞれの半球で機能の分化が見られるものの、普通に思考している場合は二つの半球が連携した活動をしています。簡単にいうと、脳の左側だけとか右側だけを使って考えている人はいないのです。

音楽が（右利きの人の場合）脳の右側だけで処理されているとははっきりといえません。たいへん多くの証拠が示しているのは、（右半球が優位な）音楽のような物事に習熟するにつれて、脳の左側が関わることがだんだん多くなってきます。学校で子どもに音楽教育を行うことに賛成するという主張は（多くの理由ですばらしいことなのですが）、音楽教育が「脳の右側を教育する」という脳の機能のこの面を誤解しているからです。

脳の組織はたいへん影響を受けやすく、学習経験が脳の働きを変えます。言語処理を左半球のものとみなすことさえもある程度は習熟の結果なのかもしれません。大人はみんな言語に熟達していて、左半球の「言語中枢」はおそらく（「音楽」対「言語」のように）処理される情報のタイプよりも習熟度を反映しているのでしょう。

半球の違いのより微妙な説明もあります。右半球と左半球の違いは細部を処理するか大まかな要約を処理するかだという理論もあります。たとえば、目を細めて外界を見ると、視野にある大まかな要約しか見えませんが、目を大きく開いて見ると細部も見えます。言語中枢が脳の左側に形成される傾向があるのは、言語を学んだり使ったりするには言語音や語順の細部に注目する必要があるからかもしれません。

ここまでの説明が示唆しているのは、「左脳派」とか「右脳派」という用語の一般的な使い方はあまり正しくないということです。より科学的に考えがちな人や数学をよく使う人は主に脳の左側では考えているのではなく、逆に芸術、音楽、直感、演劇などに素質がある人は、主に脳の右側で考えているのではありません。実際、左半球が右半球より詳細な情報に焦点を合わせるという理論がもし正しければ、ほとんどすべての課題を実行しているときは脳の両側が関与しているという事実を考えればよいのでしょう。

健全な思考では、人生で解決しなければならない問題のすべてにおいて多くの解決方法を参照することが必要です。多くの学校で芸術や人文科学を学習課程から削減する方向に動いているのは嘆かわしいことです。というのは、（ここまでの章で説明したように）科学にみられる反証的な思考の傾向は、（歴史や文学から学べる）幅広いテーマがいかに人間関係の間に存在しているかを理解することで補完される必要があるからです。

たとえば、ある技術がどんなによくても、使い方が想像でき、製品のデザインがユーザーに合っていなければ、買う人はいないでしょう。ですから、iPodの発売前には多くのＭＰ３プレーヤーが消えていったのです。アップルのデザインチームの才能が技術を一般のユーザーにも簡単に使える方法を産みだして、同時に見た目にも魅力的にしました。

実際に、最も成功している科学者や数学者は美しいものについてのセンスが繊細に研ぎ澄まされています。アート先生とボブ先生は二人ともしょっちゅう科学者仲間と一緒に学会に参加しますが、いつも決まって科学者から聞くのは理論が「優雅」か「ダサい」か、データが「美しい」か「醜い」かという表現です。科学者が専門知識を習得するにつれて、理論やデータのパターンが心地よいかどうかという感覚が生まれますが、これは音楽を聞くと夢中になるか不快になるかというのと同じ感覚です。

子どもを教育する上で、科学、人文科学、芸術を混ぜ合わせたものを含めるのがよいというのにはそれ相応の理由があります。このような分野のそれぞれでは異なる思考方法を学ぶことができ、価値ある技能が得られます。

さて、この章の冒頭に出した質問への答えですが、そうですね、右脳と左脳には何らかの違いがあります。でも、その違いは現実的には意味がありません。

脳には多くの面があるが、きっぱりと役割分担できるものではない。

21 ライターズ・ブロックを克服するにはどうすればよいでしょうか？

よし、今なら何か書けそうだ。ライターズ・ブロックは書き手が経験する最も絶望的な状況で、書こうとする努力をしても行き詰ってしまい、満足なことを書けない状況をいいます。ライターズ・ブロックに陥るとしばしば何も書かずにただ机の前に座って何かをじっと見つめているだけになります。そうでなければ、ちょっと書いたらうめき声をあげて書いたものを削除するという、暗礁に乗り上げたような生産性のない堂々巡りに陥ります。

では、ライターズ・ブロックの原因は何でしょうか？　明らかに書く方法を知っている人が、書く価値がありそうなものを突然失ってしまうのでしょうか？

確かに、言語を使う能力が突然失われるわけではありません。ページが進まなくなった書き手でも友人や家族と話すことはできますし、人類が過去話したこともないような文を臨機応変に作れます。ですから、文を作る能力が失われたのではありません。でも、取り組んでいる仕事は前に進まなくなるようです。一体どうしたことでしょう？

実際、ライターズ・ブロックは不安から来ています。書き手であればだれでも、よいアイディアを出して、それを効果的に表現したいと思います。素晴らしくて新しいアイディアが浮かばなかったり、そのようなアイディアを明瞭で美しく機知に富んだ表現で書けなかったりすると、物書きは尻込みしてしまいます。

前もって申しておくのがおそらく大切だと思いますが、アート先生はライターズ・ブロックに陥ったことがないので、陥るとどうなるかを知りません。先生は恐るべき速さで空白のページを単語で埋めようとします。この単語の多くは最初のうちは意味がないものですが、それでも止めません。アート先生が見境なく単語を書くのは、実際にはライターズ・ブロックを克服する方法を理解するのに役立つよい例なのです。先生は、書き始めたときに出てくる文やアイディアがどれほど悪くてもまったく気にしませんが、とにかく何かを書くということを相当気にします。

ボブ先生が好んで指摘するのは、ほとんどの書き手は書いている最中に自分が書いていることと書き終わった状態の文章を比べるということです。書き終わった状態とは過去に読んだ優れた書き手のものだったり、自分がたいへんな努力をして書いた過去の例だったりします。フィクション作家は自分の文章がなぜヘミングウェイやアップダイクといった偉大な作家（またはスティーヴン・キングやジェームズ・パタースンといった現代の人気作家）のようになれないのかと思います。ここでもまた、問題は初期の草稿を完成状態として評価してしまうことにあります。よい文章は何人もの編集者が草稿を何度も手直しして完成するものです。

もちろん、読者のほとんどは出版されたものしか見ていません。完成稿になるまでのすべての草稿は見ません。構成がひどくて一度バラバラにしてくっつけ直す必要があったり、論拠が中断していてこじつけられていたり、同じ言葉が次々と続く文に繰り返し出てきたりしています。

モーツァルトは交響曲を草稿を経ずに完成したといわれていますが、初稿でたいへんに洗練された作品を量産する書き手はほとんどいません。でも、成功した多くの作家は、たくさんの心理学研究に裏付けられた価値ある教訓、つまり最高のアイディアを出す人は最も多くのアイディアを出す人だということを学んでいます。つまり、新しいアイディアを出すのによいアイディアだけを出せるよい方法は実際にはありませんむしろ、何でもかんでも出してみて、出てきたアイディアの中からよいアイディアに気づくことを学ぶ必要があります。

（執筆のように）何か創造的なことをするときは、悪いアイディアや平凡なアイディアを恐れないのがコツです。考え付いたことをとにかく出してみるのです。完璧でなくてもかまいません。その日にやったことを全部捨てなければならなくなることもあるでしょう。アート先生が『スマート・シンキング』を書いたとき、ある章に二つの違った完成稿がありましたが、二つとも捨てて最終的に三つ目を書き、それが自分（と編集者）が満足した最終稿になりました。完全な原稿ができるまで待っていたら、結局諦めてしまっていたかもしれません。

実際に、この話はもう一つの重要な点を表しています。それは、自信がまったくなくても恐がらずに自分のアイディアを人に見せることです（アイディアには自信がなくても、見せる相手は信頼しましょう）。友人や編集者にまったく気に入られなくて、やり直しを迫られることもあるでしょう。だからといって、原稿を人に見せない理由にはなりません。それどころか、自分自身からでも人からでも、批判に答える過程を経ることで、書き手は究極的に最高の作品を生み出せます。

自分のアイディアを人に見せるのが怖い理由の一つは、ある種の「インポスター症候群」を経験しているからです。つまり、この症候群に陥ると、対等な人たちの中で何かをするのに十分な能力がないのは自分だけなのかと悩みます。それほど満足できないことをするのにこんなに努力をしたのかと人に知られたら、自分が人をごまかしていると気づかれてしまうのではないかと心配します。

実は、ほとんどの人は自分の情報をいろいろ整理整頓した後に表向きの顔を世間に見せているのです。

試しにフェイスブックのページを見てみましょう。どんな家族もすてきでみんなニコニコしています。子どもはみんな学校の成績がよいのです。間違いを犯しても何か問題があっても、普通、そのことは投稿しません。他人について見られるのはその人が見せようと選んだことで、欠点や間違い、失敗したアイディアなどを全部広めようとは普通は思いません。

うまいぐあいに創造的になるために大切なのは、自分が創造的な人だと思われるにはふさわしくないという感覚を乗り越えることです。書き手ならだれでも、意味が通じないめちゃくちゃな文や文章を書いたことがあります。他のだれかが書いたものから完全に引っ張ってきた退屈な話を書いたこともあるでしょう。また、時には一貫性のない文を書いたりもします。

何か不完全なものを見せたとしても、たぶん人は書き手のことを悪く思わないでしょう。書き手も自分と同じ人間なのだと感じて少し安心するかもしれません。改善しようとして助言をくれたりするかもしれません。

自分の作品がどう思われるだろうかと心配してすべてのアイディアをもう一度考えてみようとせずに編集してしまうと、可能性を検討して考えに磨きをかける機会を失うことになります。悪いアイディアや平凡なアイディアはよりよいアイディアへの足掛かりになる場合もあります。

アイディアを生み出す唯一の方法は、何とかして記憶からアイディアを引き出すことです。情報は、その時に考えていることに反応して記憶から出てきます。たとえば、ある時期に出席していた授業について考えてみましょう。それほど難しいことではなかったはずです。授業について考えてみてくださいといったら考えられましたね。

考えていることを変えたいと思ったら、質問を変えて記憶に聞いてみる必要があります。そうするのにいい方法の一つは、悪いアイディアだと思うものを最初に出すことです。たぶん最初に悪いアイディアを出せば、それより少しはよい別のアイディアを考えるようになるでしょう。時が経つにつれて、初めに出したひどいアイディアがよいアイディアになり、おそらく見事なアイディアになっていくのです。

ライターズ・ブロックを食い止めるには、書くことを習慣にする必要があります。机の前に座って、書いて、書いたことを編集するというのを習慣化します。スティーヴン・キングは二〇分ごとに新しい本を出していると思えるくらい多くの作品がある作家です（そういっているうちにもまた出ましたね）。そして、キングは作品を書く過程についてもたくさん書いています。秘密を知りたいですか？　それは、毎日書くことです。キングは毎朝起きてから数時間書きます。だれでも夜になると寝るということを習慣にしなければならないように、書き手も書くことを習慣にしようとキングは勧めています。

毎日書くべき理由の一つは、書くことは技能だからです。ボブ先生は多くの時間をかけて音楽家を教え、音楽家が学ぶ手助けをします。結局、音楽家はだれでも、音楽が上達するには練習し続けなければならないことに気づきます。また、音楽家として磨きをかけるには、人からの意見や評価をたくさん受けなければなりません。

書くことは練習すればうまくなる技能です。さあ、始めましょう。そして、後で人からの意見や評価を受けましょう。それからまた書きましょう。要するに――

つべこべ言わずにとにかく書く。

22　失敗は必要でしょうか？

ほとんどの学生が何年間も学校に通っているうちに、ほぼどの状況でも学ぶことは、間違いが悪いということです。学校でいちばんよい成績を取るのは間違いがいちばん少ない学生です。綴りの試験で単語の綴りを間違えれば点数を引かれますし、数学で計算間違いをしても点数を引かれます。間違いが多ければ多いほど評価が悪くなります。最高の大学に入るためによい成績を取ろうと競争するので、間違いの数をできるだけ少なくするための大きなプレッシャーがかかります。

でも、心理学的にいうと、間違えるのはすばらしいことにもなります。

このことを詳しく説明する前に、ボブ先生からこの章の題名は失敗についてなのに間違いについて話すというのはどういうことかと指摘がありました。完全なる失敗とは、（授業で合格点を取る、会社を経営する、昇進するといった）達成したかったのに実際は達成できなかった何らかの大きな目標のことです。

自分にとって目標が重要であればあるほど失敗は大きくなり、その失敗についてますます嫌な気分になります。失敗すると自己嫌悪に陥ることがあるので、失敗は扱いが感情的に難しいのです。間違った種類の目標を追っていると考えてしまうことにもなりかねません。また、周りの人をがっかりさせたと感じてしまうかもしれません。

でも、この章で間違いについてお話しするのにはわけがあります。間違いの結果が失敗として扱われるかどうかを決めるのです。結果の影響が小さければ失敗とは思いませんが、影響が大きいと失敗したと思います。

間違いにもいろいろな種類がありますが、影響がほんの小さなものがあります。電話を掛けるときに二つの数字の順番を間違えて、修理工場に掛けるつもりがピザ屋に掛けてしまったことがあるでしょう。また、結果としては影響が小さかったものの、大きな影響が出ていた可能性がある間違いもあります。ある日、慌てて家を出て、道を渡る前に左右をよく見なくて危うく車にぶつかりそうになったとしましょう。結果として、間違いが悲惨な結果につながらなかったものの、そうなっていたかもしれません。もちろん、間違いによっては影響がたいへん大きくなるものもあります。運転中に携帯電話を見るために下を向いて車を衝突させ、同乗者にケガをさせてしまったというような場合です。

一生を通しての多くの複雑な目標では、一般的には失敗はたった一度の間違いの結果ではありません。優れた社員は普通、たった一度の間違いではクビになりません。夫婦は普通、たった一度のケンカでは別れません。会社は普通、社長のたった一度の誤った判断では倒産しません。そうではなく、大失敗は数々の間違いが重なって、最終的に破滅的な結果につながっているのです。実に、大失敗を避ける最もよい方法は、小さな失敗から学び、大問題が起こる前に失敗が小さなうちに修正するということです。

さて、読者のみなさんはこう思われるかもしれません。成功から学ぶ方がよいのではないですか？　確かにその方が合理的に思えますが、概して成功から学べることは失敗から学べることより少ないのです。なぜなら、成功につながった「うまくいったこと」の原因を正確に突き止めることは通常は難しいからです。関わった人たちの努力があったからでしょうか？　状況がよかったからでしょうか（心理学者はよく「背景」と呼びます）？　ただのまぐれでしょうか？　導入されたすばらしい計画のせいでしょうか？

成功した理由を知るのが難しいので、多くの人は、同じ手順を繰り返せば同じ結果になればよいと祈りつつ、過去にうまくいったときにやったことを繰り返します。アート先生はここでロン・ジョンソンの例をよく挙げます。ジョンソンはかつてアップルで働いていて、アップルストアを立ち上げた人物です。あの先進的でおしゃれな雰囲気の中で、コンピューターやiPadやiPhoneを買えるお店です。アップルストアのコンセプトが称賛しているのは洗練されたデザインで、アップルのイメージを高めています。実際アップルストアに行くといつも買い物客でにぎわっています。

アップルでの成功を踏まえて、二〇一一年、ロン・ジョンソンはJCペニーにCEO（最高経営責任者）として雇われました。ジョンソンの使命は、安価から中程度の価格帯の衣類や家庭用の商品を販売することで広く知られている小売店を復興させることでした。原則的に、ジョンソンはアップルストアで行った解決策をJCペニーにそのまま応用しました。その目的は若くておしゃれな顧客にアピールすることでした。店舗のデザインを変え、JCペニーを目的の顧客が集まる場所にして、その過程でJCペニーの名物だったクーポンや大幅な値引きをやめました。残念ながら、この戦略は完全に失敗してしまいました。

なぜジョンソンが失敗したかはなぜ成功したかよりもわかりやすいでしょう。JCペニーの店舗を改装してクーポンや割引をやめたことで、お得意様を遠ざけてしまったのです。JCペニーの典型的な顧客層は先進的でおしゃれな雰囲気での買い物は望まず、金額に見合う価値があるものを探していました。店舗の新しいデザインは若い世代の買い物客を引き付けられませんでしたが、これは、若い世代がアメリカンアパレルやアバクロンビー&フィッチといったすでに若者向けのイメージがある小売店に行く傾向があったためです。その結果、JCペニーの店舗での売上は大幅に落ち、ロン・ジョンソンは結局クビになってしまいました。ロン・ジョンソンはこの失敗から大いに学んだとアート先生は確信しています。先進的でカッコいいテクノロジー会社でうまく行った戦略が、安売りが自慢の衣料小売店でもうまく行くはずだと思うのではなく、目的の顧客層を研究することに価値があるといったことを学んだことでしょう。

間違いから学ぶには、間違いを間違いと素直に認めることが大切です。間違いと関係がある否定的な感情はだれも楽しいとは思いませんが、こういった否定的な感情が内に向かっていればなおさらです。程度の差はありますが、間違いや失敗をしても自分自身の気を楽にする方法を知っています。

そのような方法の一つは、自分に責任がないと考え、間違いを状況のせいにすることです。問題を外面化することで、自分の能力を疑わないようにします。正しいことをしたのに、状況や他の人たちの努力が足りなかったのが問題の根源だとします。状況が違っていれば、自分の行動は大成功として称賛されたのに。

間違えても気を楽にする第二の方法は、間違いを無視することです。場合によっては、やってしまった間違いについて考えることをやめる人がいます。でも別の場合では、間違いの深刻さをできるだけ小さくします（または間違いを意識しないようにします）。たとえば、心理学者のデイヴィッド・ダニングとジャスティン・クルーガーは、ある課題の成績が最も悪い人は自分の成績を最もよく見積もるということを示しました。成績が最も悪い人はどれほど悪いのかを評価するのに苦労するのかもしれませんが、成績が悪いことを知らずに何とも満足することで、間違いを認めないですむのです。

実際には間違いを認めることはできても、自尊心を守る手段として、それ以来似たような間違いを起こしそうな同様の状況を単に避けているのかもしれません。でも、新しい技能を向上させるには、今までやったことがないことをやってみる必要があります。新しいことを学んでいるときは多くの間違いをする可能性が大いにありますが、だからといって新しいことを学ぶことを避ける理由にはなりません。

失敗の可能性を避けると、独創的な新しいアイディアを試す機会を失うことになります。独創的なアイディアはもちろんまだ試されていないので、最初に試したときにはうまく行かないかもしれません。ジェームズ・ダイソンが掃除機から紙パックをなくすという革新的なアイディアを思いついてから、最終的な製品を市場に送り出すまで、何年もかけていくつもの試作品を開発しました。その間、ダイソンは多くの間違いをしましたが、間違いから学んだことを使ってデザインを改善しました。米国の発明家トーマス・エジソンの不朽の名言に次のようなものがあります「私は失敗したことがない。ただ、一万通りの、うまく行かない方法を見つけただけだ」。（アート先生はエジソンの大ファンで、ニュージャージー州のある街のエジソンが最初に電気の街灯を吊るした場所からわずか数ブロックしか離れていないところで育ちました。その街は今、「エジソン」という名前になっています）。

自尊心を高めるために間違いを無視するのではなく、自分の行いを誠実に評価し、間違いを認め、自分への思いやりの感覚を持ち続ける方がはるかに健全で生産的です。だれでも間違いを犯します。間違いを見つけて、その間違いに自分がどのように関与したかを認識して初めて、間違いから学び改善することができます。

ボブ先生は、自分の演奏の録音を聞いて間違いを見つける熟達した音楽家の話をよくします。音楽家はたいへん熟達していても、技巧を改善し続けるために自分の演奏を批判的に聞くのに時間をかけます。実際、習熟度は演奏の良し悪しを進んで批判した結果と直接結びついています。

間違いから学ぶのが重要なことは、キャロル・ドウェックらの研究で示されています。（数学が得意、運動が苦手というように）自分の能力が決まっていると信じていると、間違いによって自尊心が傷つけられるかもしれないと思ってしまいます。しかし、ドウェックの研究が指摘するように、どんな能力も技能にすぎず、必ず習得できるものだと信じれば、間違いはもう少し努力しなければならないという証拠になります。徐々に上手になるのだと信じて、この技能に基づく取り組み方を受け入れると、間違いを自分の能力不足のしるしとして恐れることなく、目的達成の手段として使うことができます。

失敗を受け入れて間違いから学ぶのを重要視するのは、多くの新興企業を生み出しているシリコン・バレーのような地域の特性です。シリコン・バレーの起業家を対象とした社会学的研究で、起業して失敗した人は失敗したからといって罰せられなかったことがわかりました。その代わりに失敗した人は新しい企業へ紹介され、働いている場合もよくありました。それは失敗は市場へ送り出す新しい技術を開発するよりよい方法を学ぶ助けになるという考え方です。その結果、シリコン・バレーでは革新的なビジネスを発展させる健全な環境が作られました。このような態度は、米国の東海岸にある多くのハイテク大企業で起こっていることと対照的です。そこではプロジェクトに失敗した経験を持つ経営者は新しいベンチャーへの参加を促されるのではなく、罰を受ける傾向にあります。

言うまでもなく、失敗を望んでいる人はいません。そして、歴史は一般に、失敗したアイディアや製品に注目することはありません。でも、大きな成功をつかんだ人は新しいことを試して間違いを犯し、そこから学んだ人です。失敗はその時には悪いかもしれませんが、長い目で見ればすばらしいことへのきっかけになりえます。それに、歴史に注目している人は歴史上の人々が犯した間違いから多くを学びました。

では、これを覚えておいてください。

我、失敗し（そして学んだ）、故に成功せり。

23 自分が見ていることのどれほどが現実なのでしょうか？

そうですね、この本で今まで出てきたすべての質問の中で、これがいちばんバカげていると思えますね。目を開いて周りを見回すと、いろいろなものが見えます。ラジオ番組のスタジオにいると、マイク、ケーブル、（たくさんの）コーヒーカップ、メモ帳、水が入ったコップ、椅子、ペン、鉛筆などが見えます。こういったものを見るのに努力は要りません。ただ目を開けていれば、後は脳が仕事をしてくれます。

私たちが見る世界はかなり整然としているように見えます。つまり、（私たち二人がいるときのスタジオのように）環境は散らかっていても、その環境に含まれている物体を見つけ出すのは極めて簡単です。でも、外界をもっと注意深く見てみると、物体の位置を把握するのに視覚系がどれほど活躍しているか、その真価を認められるでしょう。

スタジオのテーブルに乗っている鉛筆の一部が紙片で隠れているとしましょう。紙片の端から鉛筆の一部が見えていて、もう片方の端からも鉛筆の一部が見えています。

これは疑う余地がないように思えますが、鉛筆が一つの物体で、紙はまた別の物体で、鉛筆が紙の後ろを通っているのだと、視覚系はどうやって識別しているのでしょうか？　つまり、一つの物体の部分をなす要素をまとめて、別の物体の部分としての要素から、脳はどうやって、頭の中で分けておくのでしょうか？　脳がこのような仕事をあまりに途切れなく行うので、これが解決が難しい問題なのかもしれないと気づくのさえ難しいかもしれません。

一九三〇年代にこの疑問に最初に興味を持ったドイツの心理学者のグループはゲシュタルト心理学者と

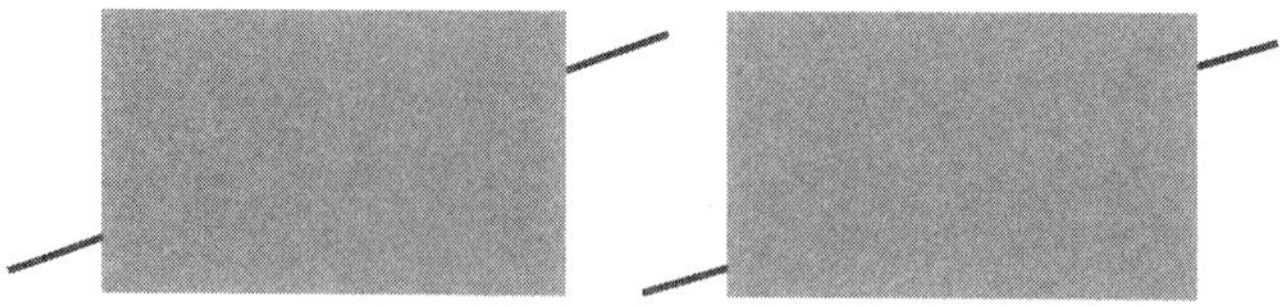

呼ばれますが、この名前はドイツ語の「形状」を意味する言葉から来ています。このグループが行った研究の焦点は目に見える像の属性にあり、この属性が像の要素を一つの物体にまとめます。人は物体の個々の要素（線、面、角度、色）を認識するのではなく、一体となった完全な形として認識します。

たとえば、ゲシュタルト心理学者が発見した基本原理に「よい連続」と呼ばれるものがあります。ここにある二つの単純な絵を見てください。左の図では、線（鉛筆だと思ってください）が長方形（たぶん紙片でしょう）で隠れています。線が長方形の下で直線的に続いて見えるので、脳は一つの物体が長方形で隠された状態を示した像だと解釈します。でも、右の図では、線はよい連続を示していないので、脳はおそらく長方形で覆われた二つの別々の物体だろうとみなします。

もう一つの原理として、違う色のものと比べて同じ色のものは一つの物体の部分だと見られる可能性が高いというのがあります。ですから、紙片で一部が隠されている鉛筆を見ると、よい連続を示しているだけでなく、鉛筆の両端が同じ色なので、紙片の両側から出ている部分は同じ物体からのものだということを示唆しています。

同様に、互いに近くにある外界の要素は離れた要素に比べて同じ物体にまとめられる可能性が高くなります。上の図で考えてみると、長方形が狭ければ狭いほど、線の二つに分かれた部分が同じ物体の部分として見られることが多いのです。

おもしろい原理（少なくとも私たち二人はおもしろいと思うのですが）に「共通運命」というのがあります。基本的に、視覚世界の二つの部分が同じ物体の部分に属するものならば、その部分は一緒に動きます。鉛筆を持ち上げると、その鉛筆のすべての部分が同じように動くのが見えます。

一緒に動くある物体の部分は普通は同じ物体の部分なので、動きが同じようなものを見ると、まとまりとしてしまいます。YouTubeには、大学のマーチング・バンドが競技場で見事なフォーメーション（編隊）を作っているすばらしい動画があります。

バンドのメンバーが競技場で（たぶんクジラとか船とか）特定の物に見えるように整列します。ゲシュタルトの近接の原理を使って、個々のメンバーがまとまって集団と見られます。次に、演奏に合わせて、行進者は競技場の指定された場所へ歩き始めます。このようにして、競技場の物体が動き始めます。演奏者のグループが共通の動きをするので、観衆には集団が同じ物の一部に見えます。船やクジラの形を作っている行進者が別の方向へ動くと、今度ははっきりと別の物に見えます。確かに、抽象的なパターンで行進するバンドもありますが、その場合でも演奏者のグループの動きに共通性があると、観衆には動いているバンドのメンバーの集団が形作る図形に見えます。

こういったゲシュタルトの原理は、視覚系に組み込まれている多くの仮定のほんの一部です。光の挙動は宇宙の始まり以来ずっと同じで、何百万年もかけて、進化の過程は生命体の要求に合わせて視覚系を順応させてきました。その結果、視覚系には視覚で捉えることができる世界についての数多くの仮定が生まれつき備わっていて、環境の中にあるものを脳がたいへん適切に推測できるようになっています。

もちろん、たまに物体が予想外の見え方をして、視覚系の予想を裏切ることがあります。その場合、錯視が起こります。

錯視の古典的な例の一つに（右の図に示すような）黒い四角の集まりを使ったものがあります。この黒い四角の集まりをしばらくの間じっと見ていると、四角と四角の間の角に黒みがかった丸のようなものが見えるでしょう。でも、黒い四角を指などで覆ってしまうと、黒ずんだ丸が錯視だとわかります。
この錯視は視覚系が物体間の境界を強調することで現れます。物体間の輪郭をできるだけ見やすくするために、視覚系は像の明るい領域と暗い領域の間の境界を強調します。こういったわけで、黒い四角の辺の間の空間はたいへん明るく鮮明で、一方、これらの四角の角の空間はここを囲んでいる部分がそれほど暗くないため、比較すると黒めに見えます。
以下の図は、まったく存在しない物体が現れる「コントラストの錯視」が起こるようすを示しています。円の間に見える縁は「主観的輪郭」と呼ばれます。

一部が欠けている円の開いている部分を整列させると、視覚系はよい連続の原理を使ってこの像は四つの円の上に白い正方形が載っていると仮定してしまいます。この白い正方形の感覚を作るために、正方形の縁がコントラストの錯視で強調されます。その結果、ページには実際にはない正方形の輪郭が見えるのです。円を指などで覆うと、正方形の縁は消えます。主観的輪郭は三角形など別の形にも現れます。

ゲシュタルトの原理は、心理学者がその特性を明らかにするよりずっと前に芸術家の間で知られていました。二次元の表面に三次元の世界を表現しようとして、芸術家は見る者をだましてそこにないものを見せる方法を見つけました。視覚系の原理を巧みに利用して、二次元の像をもてあそんで三次元の像を作ります。初めのうち、芸術家はこういった原理を使って情景をより写実的に描きました。後になって、同じ原理を使って現実をおもしろく歪曲させた像を作り出しました。

このような興味深い錯視は、視覚系が周りの環境の像を素早く提示するように作られていることを反映しています。適切な仮定に基づいて推測するのは、ある種の素早い判断を行うために必要です。このような判断により、私たちの祖先はとても厳しい状況を生き延びてきたのです。

もちろん、仮定をすると時には誤解につながることになりますが、物体が何か、境界がどうなっているか、空間内で物体がどこにあるかの情報は普通は出所がいくつかあります。ゲシュタルトの原理（または視覚系に組み込まれているその他の仮定）はその時点で外界にあるものについて誤解するかもしれませんが、光景や物体がいくつかの別々の仮定を同時に破ることはまれです。これが、見ているものについて完全に誤解するのはまれなのはなぜか、錯視が楽しくて不思議に思えるのはなぜかという説明です。

見ることは思い込むことである。

24 罰することは役立つでしょうか？

あるグループが行動の責任を取らなければならなくなったと聞くと、普通不吉な予感に襲われます。結局のところ、その行動に責任があるといわれたあとに昇給があった人の話を聞いたことがありますか？そんな場合に「おめでとう！　よくやった。説明責任の部署が君たち全員に報酬をあげることにしたよ！」とは言わないでしょう。

その代わり、責任を追求するときというのは、普通は何かまずいことをしたかどうかに注目します。何かまずいことをしたのなら、罰を受けてもしかたありません。でも、こういう場合、罰に注目するのは実際に効果があるのでしょうか？

この質問に答えるには、人が行動を起こす力となる動機付けの体系に戻る必要があります。動機付けには主な下位要素として「接近」と「回避」があります。

「接近体系」は、おいしい食事、新しい友人との出会い、仕事での目標達成など、達成したい望ましい何かがあるときの動機付けです。この体系は、自分の周りの望ましい面に注目し、自分や他の人にとって肯定的な結果をもたらすように計画を立てます。

一方、「回避体系」は、病気、危険な状況、仕事での失敗など、避けたい不快な何かがあるときの動機付けです。回避状態では、周りの世界にある潜在的な危険すべてに敏感になり、もう一日持ちこたえられるように最悪の事態に備えて多くの時間を費やして計画を立てます。

もちろん、罰という脅しは回避動機付け体系に関係します。毎日悪い結果をかろうじて避け、後日再び戦えるように生き延びるのです。短期的には、このような脅しはたいへん強い動機付けになります。

一九五〇年代に、ニール・ミラーはラットを観察して「目標勾配」という概念を調べました。ミラーは目標の強さをこんな方法で測定しました。動物を一定の場所に保持する装置にラットをつなげて、ラットが望ましいものに向かったり、望ましくないものから遠ざかったりする強さがどれくらいかを測りました。(ラットにとって)望ましいもの、たとえばチーズのかけらの近くにラットを置くと、ラットはおやつに向かって引っ張ります。ラットが報酬に近ければ近いほど、引っ張る力が強くなります。ネコのように望ましくないものの近くにミラーがラットを置くと、言うまでもなくラットは遠ざかるように引っ張ります。この場合も、危険な存在に近ければ近いほど、引っ張る力も強くなります。

ミラーが発見したのは、ラットがネコの近くにいるときの(ネコを避けようとして)引っ張る力は、チーズが同じ距離にあるときに比べてより強いということです。つまり、危険と報酬が近くにある場合、回避の強さの方が近接の強さより強いのです。でも、危険と報酬が遠くにある場合は逆になります。ラットが遠くにあるチーズに向かって引っ張る力は遠くにいるネコから遠ざかろうとして引っ張る力より強くなりました。

ということは、短期的には、アメとムチのどちらが効果的かというとムチです。クビにするぞと脅したり、迫り来る締め切りに間に合わなかったと、社員のグループを罰したりするのは、仕事を頑張らせるには効果があるかもしれません。この種の脅しが社員を奮い立たせてビジネスを活性化させるのなら、もっと使うべきでしょうか?

いいえ、使うべきではありません。

問題は、脅しに対する感情的な反応はストレスで、長期的に見ると、ストレスは多くの否定的な結果を引き起こします。ストレスがかかると多くの種類のホルモンが分泌され、（たとえば闘争か逃走の準備をして）短期的には活気づけられますが、長期的には免疫システムの有効性が下がります。ですから、長期間にわたってストレスを感じながら生きていると、実際にストレスのない人よりも病気になる回数が多くなり、最終的には生産性に影響します（言うまでもなく、病気になるとかなり惨めな気持ちになります）。

長期間にわたる罰のもう一つの問題点は、罰に対する自然な反応として逃避行動を取ることです。たとえば、アート先生が大学院生だったころ、重要な学会発表の締切前の数日間、研究室の全員が夜遅くまで準備をしていました。みんな論文でよい成績が確実に取れるように、グループは頑張ってその目標を達成しました。一方、アート先生には大学院に友だちがいて、その友だちの研究室は脅しの巣窟のような状態が続いていました。研究が予定通りに終わらなかったり、研究室が片付いていなかったり、学生が自分たちで優れた新しいアイディアだと思うことを考えつかなかったりすると、その友だちの指導教官は怒ったのです。こういう研究室の学生は、指導教官とのミーティングで批判されたり、さらには怒られたりするのではないかといつも心配していて、指導教官と話をしようとまったく思わなくなります。そういった学生は大学院に幻滅を感じ、別の教官の研究室に移るか、最終的には大学院を中退してしまいました。脅しの状況全体から逃避したのです。

これが、罰を受けることの長期にわたる問題点です。結局、体調を崩して生産性に影響し、回避戦術を使って脅しの状況全体から逃れる方法を探します。脅しの環境を逃れないと、実際には仕事を続ける意欲がなくなります。ある時点で、どんなことをしても結局は罰を受けるのだと感じ始めます。そこまで行ってしまうと、脅されてもたいしたことはないと思うようになります。

罰を時々使えば、目標を達成するのにあまりやる気がみられない人を激励するのに効果があるでしょう。

しかし、肯定的な報酬が得られる状況の方が好ましいと認めることも重要です。脅しを多用する職場や学校の環境では、安心して時間を過ごせるように別の場所を見つけることを重視しましょう。

罰を使おうと考える場合に覚えておくべき最も大切な点の一つは、脅された状況で働いているときの最大の動機は、潜在的な問題をなくそうとすることであって、必ずしもよい結果の達成ではないということです。問題を取り除くことが最優先になると、結果を得るための手段はさほど重要ではなくなります。その結果、仕事で手を抜いたり、道徳的に疑わしい行為をする可能性があります。

罰を重視するときのもう一つの問題は間違いを隠しがちになることですが、多くの状況では小さな間違いが積み重なって深刻な大惨事が起こります。こういった小さな間違いは、罰せられることを恐れずに間違いを認めて初めて修正できるのです。

確かに、罰せられることを恐れずに間違いを認めることが推奨されている文化のいちばんよい例の一つは、間違いがいちばん重く罰せられると思われる業界――航空業界です。当然のことながら、パイロット、客室乗務員、整備士には間違いを犯してもらいたいと思いませんね。航空機の大惨事は考えるだけでも恐ろしくなります。しかし、ＦＡＡ（米国連邦航空局）は、間違いを二四時間以内に報告すれば（何か違法なことでない限り）その間違いが雇用状況に影響しない旨の協定を航空会社と結んでいます。つまり、航空機を操縦したり整備したりする人には、報告する限り間違いを犯しても罰はありません。

罰せられない理由は、大惨事につながる間違いが次々と発生して問題になる前に手順、航空機の設計、整備で起こる間違いを修正するために、ＦＡＡがすべての間違いを分析する必要があるからです。このような手続きがあるため、乗客数が飛躍的に増加しているにもかかわらず空の旅はこの五〇年間、実に安全な状態を維持しています。

最も健全な労働環境とは、回避が必要な脅し（たとえば否定的な人事考課の可能性）と接近すべき報酬（昇進、昇給、興味深いプロジェクトへの割り当てなど）との間に絶妙なバランスが取れている環境です。このような労働環境では、小さな問題が拡大しないことが十分保証された中で、熱心に働く気を起こさせ、さらに社員同士での競争も推奨されます。

報酬は長期にわたって熱心に働くことを推奨します。最も熱心に勉強する学生は、教育を楽しんで受けていて、失敗したり貧乏になったりするのを回避する手段としてではなく、欲しいものを得るための手段として教育を考えています。同様に、どんな職場でもいちばんやる気がある社員は、自分の仕事の報酬面に着目していて、他の社員や社会とつながるさらに大きな使命の一部になりたいと考えます。最も成功していて仕事への意欲が強い人――自分の一生の仕事を天職と考えている人――は回避体系ではなく接近体系で動機付けられています。

ボブ先生の学生の多くは、音楽の先生を目指しています。ボブ先生が確信している、先生として最もふさわしい人は、自分の仕事を使命と考えている人です。このような先生は、楽器を演奏したり歌を歌ったりする学生が楽しくなること、特定の曲を完璧に演奏しなければならない場合に学生が学ぶ価値ある人生の教訓があることを知っています。また将来の先生は、音楽の技能向上や研究の啓発により、自分の仕事で世界が活気づき楽しくなることも知っています。

職業というのは長い目で見たときの報酬の価値が、失敗に対する脅しを上回るときに天職となります。たぶん、同僚、顧客、取引先との仕事に没頭することで社会を援助しているでしょう。自分自身より大きな企業の一部を担っていることで、たまに現れる怒った顧客やバカげた間違いを広い視野で見る助けになります。ほとんどの仕事には脅しとなる何らかの要素がありますが、そのような要素と競合する報酬の要素が多ければ、働いている人はより幸せになり、生産性がより高くなります。たとえば、研究者は非常に恐ろしい病気の治療法を発見するのに献身しています。消防士は市民を損害から守ることに集中しています。プログラマーは取引先の個人データを守ることに重点的に取り組んでいます。このような職業にはだれもが回避したいと思うたいへん明白な危険がありますが、自分の仕事に含まれる深淵な目的――より大きな報酬――に焦点を合わせられれば、体面を保ったり住宅ローンを支払ったりするためだけに働いている人よりも、究極的に自分自身や他人に大いに役立つ仕事をするでしょう。

残念ながら、労働文化が不要な脅しを生んでいるため、多くの人は仕事に目的を見出すことができないままでいます。そういう人は、人事考課が水準に達していないと失業してしまうのではないかと恐れながら仕事をしています。同僚が不快な（それどころか危険な）環境を作っていて、積極的に付き合うのを難しくしているかもしれません。おそらく、たとえば小さな違反で他人に罰を与えようとあら探しをするような同僚に心当たりがあるかもしれません。こういった脅しは社員だけでなく仕事や企業自体を徐々に弱らせます。

そのような環境では、週末が安らぎになって仕事に身が入らないことが多いものです。仕事がある平日は、楽しむ時間というよりむしろ、どうにかして切り抜ける時間になります。ここまで悪化してしまうと、企業は社員が組織のために精いっぱい努力することを期待できなくなってしまいます。

そういう気持ちを踏まえて――

ムチは使うな（以上。終わり）。

25　比べることはなぜとても役立つのでしょうか？

この本の冒頭で述べた、ラジオ番組『Two Guys on Your Head』の立ち上げについての話は多少端折ってあります。実は、番組の果敢なプロデューサーであるレベッカ・マキンロイが私たち二人に番組に興味があるか聞いたとき、すぐには「もちろん」と言いませんでした。

実際、困惑した目でレベッカを見つめたのが最初の反応でした。所詮、大学で教鞭を執っている二人の心理学者は、ラジオ番組の出演経験がありませんでした。いったいそんな私たち二人の話をどうして聞きたいと思うでしょうか？

その時、レベッカはこう言って単純な比較をして、それがすべてを変えました。「心理についての『カー・トーク』（Car Talk）みたいなものです」〔訳注：『カー・トーク』とは車についてのリスナーの質問に答える米国の人気ラジオトーク番組〕。この一言でレベッカの意図がすぐに理解できました。私たち二人はずっと『カー・トーク』のファンでした。トムとレイのマリオッツィ兄弟〔親しみを込めて「クリックとクラック」〔訳注：車の機械音を模している〕と呼ばれていました〕は番組で見事なコンビ感を出していました。車に全然興味がなくても、毎週一時間ものあいだ、この二人の楽しいおしゃべりに付き合うために聞いていた人もいました。

とにかく、単純で役に立つ比較ができたので、私たち二人は互いに目を合わせて「もちろん」と言ったのです。比較はなぜ、私たちに心変わりをさせるほど効果的だったのでしょうか？

何か新しいことを学ぶとき、すでに知っていることと結び付けられれば理解しやすくなります。実際、記憶は知っていることが奥深いところで相互に連結されているときに最もよく働きます。新しい概念やアイディアを自分が十分よく理解していて記憶にあることと比べると、その二つを関連付けることができて、新しい概念をより早く簡単に把握するのに役立ちます。

ですから、レベッカが新しい番組のことを「心理についての『カー・トーク』だ」と言ったとき、私たちの会話のエネルギーに反応しているのだとわかりました。また、その会話の中身が、一九七九年型のトヨタカローラの変速装置がスリップを起こしているといったものではなく、人間がどうやって考えるのかについてなのだとも判断しました。形式は似ていても話題は違うんだと。

このような比較の仕組みは次のとおりです。まず、比べる対象の間にある共通点を探します。『カー・トーク』と私たちの番組の場合、ある話題について二人が会話をします。共通性に気づくことは、新しいことをどう考えるかに重要な影響があります。冒険ともいえる私たちの新しい試みを『カー・トーク』と比べると、二人の友情と（私たちの惨めな言い訳としての）ユーモアが強調され、特に始めたばかりのころの番組へのアプローチに疑いもなく影響を与えました。

比較対象で違いを見つけると、興味深いことが起こります。あるものにはあってもう一方にはない面をすべてリストアップするだけではありません。その代わりに比較することで「整列可能な差異」と呼ばれることを特定します。その名が示すとおり、この種の差異は同じ種類の違いを意味します。提案された新しい番組と『カー・トーク』との共通点（おしゃべりの二人組で構成され、番組の出演者の一人がハゲ頭で、番組内で笑いが多い）を特定すると、整列可能な差異を考えるようになります（この場合、話題に関しては『カー・トーク』は車、私たちの番組は心。利益に関しては『カー・トーク』は大金を稼ぐが、私たちの番組はそうでもない。放送時間に関しては『カー・トーク』は一時間、私たちの番組は七分半）。

それに引き換え、「整列不可能な差異」は比較対象の一方にはあってももう一方にはまったくない固有の面のことです。（たとえば、『カー・トーク』では出演者の二人に対してクイズが出題されますが、私たちの番組にはクイズはなく、私たちの番組ではプロデューサーも出演しますが、『カー・トーク』ではトムとレイだけが話します）。整列不可能な差異は、普通は一対一の比較で最初に現れるものではありませんが、このような差異を考慮すると、今後の行動を予期したり行動に影響を与える助けとなります。たとえば、『カー・トーク』にはスポンサーがついていることで、私たちの番組にもスポンサーになってくれる会社がないか探すことになりました（その結果、今ではスポンサーがついています）。

整列可能な差異を使った比較は、特定の領域での専門家にならなくても正しい決断をするのに役立ちます。たとえば、数年おきにアート先生は新しいノートパソコンを買います。先生は、プロセッサーの速度、メモリ容量、ハード・ディスクの容量など最新の情報を追うのをやめてしまいました。というのは、こういった情報は変わるのが速いので気にするのが面倒になってしまったからです。その代わり、新しいコンピューターを買う時期になったら、店に行って機種同士を比べます。「四ギガヘルツのクアッドコア・プロセッサー」はよい性能でしょうか？　確かにすばらしそうに思えますが、ボブ先生はコンピューターの性能を測るのに「テラフロップ」という単位を好みます（「フロップ」（ドスンと落ちる）って、何となく花壇に飛び込む感じがしますが）。アート先生はいろいろと調べた結果、四ギガヘルツのクアッドコア・プロセッサーはよいものだとわかりましたが、市販の機種のプロセッサーを比べる方が簡単でしょう。プロセッサーの速度はコンピューターによってさまざまで、これは整列可能な差異です。アート先生はプロセッサーのことをそれほど知らなくても、三・四ギガヘルツのプロセッサーのコンピューターは四ギガヘルツのプロセッサーの機種より遅く、四ギガヘルツは五・五ギガヘルツのプロセッサーより遅いとわかります。コンピューターの処理速度は並べれば一直線上になるので、比較は簡単です。

ただし、整列可能な差異だけに注目すると、大切な特徴を見落としてしまうことがあります。整列不可能な差異もまた、意義のある比較に関わりますが、解釈するのに専門知識が必要な場合が多いのです。アート先生が競合するコンピューターの機種を比べる場合、二テラバイトのハード・ディスクは一テラバイトのハード・ディスクより容量が大きいことはすぐにわかります。でも、アート先生が候補にしているコンピューターのうち一機種だけにSDカード・リーダーが付いています。SDカード・リーダーがあるコンピューターとないコンピューター（整列不可能な差異）を比較するには、先生は実際にSDカード・リーダーが何のためにあるのか、リーダーが重要なのかどうかを少しは知っていなければなりません。

社会的状況でも同じような比較をしますが、あまり意識していない場合が多いようです。新しく人と知り合うと、その人との接し方を素早く見当を付けることが必要になります。この人には冗談が通じるだろうか？　古風な人だろうか？　政治的な考え方は同じだろうか？　何でもかんでも質問することは実際にはできないので、何らかの理由でその人に似ていそうな知り合いと、この新しい知り合いとを結びつけて考える傾向にあります。ボブ先生が番組プロデューサーのレベッカ・マキンロイを思い出させる人に会ったとしたら、この人も機転が利く、好奇心旺盛な人だと仮定します。その結果、その人が先生に質問したら、聞かれた以上の答えを返すことでしょう。

ほとんどの場合、コンピューター同士、人間同士といった、全体的にかなり似たものについて比較します。でも、時にはだいぶ離れたものを比べることがあります。

私たち二人のように、よく旅行する人がいるとしましょう。旅行中に運動をして健康を保つのが難しいことがあります。というのは、ホテルにフィットネス・センターがあったとしてもほとんど動かないランニング・マシンとテレビがあるくらいだからです。汗を流すのにダンベルのセットを持って行ければ最高なのですが、ダンベルをスーツケースに入れて持ち運ぶのは面倒です（それに、航空会社はそれをまったく推奨していません）。

この問題を解決する製品を開発しようとする設計者は、ダンベルのセットとエアマットレスはあまり似ていないのに、エアマットレスのことを考えたのでしょう。いったいなぜこんな比較をするのでしょうか？

マットレスを持って旅行するのは面倒ですが、エアマットレスはこの問題を解決しています。マットレスのようにかさばらないし、マットレスを使う必要があるときに簡単に手に入る（つまり、空気のようなもの）でふくらませます。これと同じ考えで、ダンベルのセットから重さを除いて、簡単に手に入る（水のような）何かで重さを戻すことができるでしょう。

実際、発明の歴史は、新しい製品を設計するのに役立つこのようなアナロジー（比喩）を使った人の話であふれています。マジックテープは発明者の飼い犬の毛に付いたオナモミという植物の実のアナロジーから考案されました。また、有刺鉄線はアメリカ南西部に生えているオコチョウという植物のアナロジーから考案されています。さらに、ジェームズ・ダイソンは製材所の産業用サイクロン装置のアナロジーから紙パックのない掃除機を開発しました。

アナロジーがこれほど強力なのは、表面上は似ていないのにいわゆる「関係の類似性」を共有しているものの類似点を示すのが、人間はたいへん得意だからです。エアマットレスとウォーター・ダンベルは似ているようには見えませんし、同じ要素があるわけではありませんが、面倒な要素を製品から取り除いておいて、使うときにその要素を簡単に得られる何かで代用するという関係を確かに共有しています。この特質がアナロジーの原理になっています。

　こういった例が示しているのは、何か新しいことを学ぶときや新しい問題を解決するとき、いちばんよいのは「これは何に似ているかな？」と自問することです。そして、新しいこととすでに知っていることを比べて、すでに知っている能力を引き継ぐのです。

アナロジーは発明の母である。

26　人はなぜプレッシャーを感じるとあがるのでしょうか？

　アート先生は以前、テレビでゴルフをよく見ていました。でも今ではそのことをあまり誇りに思っていません。ゴルフをテレビで見るというのは不思議なもので、青空をバックに飛んで行くボールを追ったり、解説者がヒソヒソと話すのに耳を傾けたりするのに多くの時間を費やします。この娯楽で、アート先生は名選手のスポーツ史上最大の失敗を目の当たりにしました。一九九六年、オーストラリアのゴルファー、グレッグ・ノーマンは圧倒的なリードで（プロ・ゴルフ界最大のトーナメントの一つである）マスターズの最終ラウンドに入りました。しかし、最後の一八ホールでノーマンは調子をガタガタに崩し、結局トーナメントに負けてしまったのです。

　普段は腕のいい人が強いストレスがかかった環境でひどい成績に終わってしまうことを、プレッシャーの下での「あがり」といいます。アート先生の大学院での教え子の一人、ダレル・ワージーは三シーズンにわたって行われたＮＢＡ（米国プロ・バスケットボール協会）の全試合の記録を分析しました。特に、試合が接戦だった場合の最後の一分間に打たれたフリースローを調べ、各選手の最後の一分間のショットの成功率とその選手が打ったフリースローのシーズン平均成功率を比較しました。その結果、ある選手のチームが一ショット差で負けている場合（最後の一分間でフリースローが入れば同点になる）、その選手のフリースローの成功率は自分のシーズン平均より少し悪いことがわかりました。一方、試合が同点の場合（フリースローが入らなくても負けはしないが、試合が有利になる）、成功率がシーズン平均より少しよかったのです。ＮＢＡの選手でもプレッシャーの下であがるようですね。

「あがり」はいろいろな形で現れます。スポーツ選手であれば、重要な場面で突然ヘマをすることがあるし、学生なら十分勉強したと思っていた試験で悪い成績を取ることがあるでしょう。講演者は聴衆の前でどこまで話したかわからなくなることがあります。そして、俳優は舞台に出たとたんに台詞が飛んでしまうこともあるでしょう。

でも、ストレスが常に悪い成績につながるとは限りません。野球選手レジー・ジャクソンは以前、レギュラー・シーズン後の一〇月にあるプレーオフで大活躍したので、「ミスター・オクトーバー」と呼ばれていました。二〇一五年、ニューヨーク・メッツの二塁手ダニエル・マーフィーはシーズンを通してホームランを一四本しか打っていませんでしたが、プレーオフ中に六試合連続でホームランを打ってチームをワールド・シリーズに導きました。また、シカゴ・ブルズの伝説のバスケットボール選手マイケル・ジョーダンは緊迫したプレーオフの試合でもいつもどおりすばらしいショットを放って試合を勝利に導きます。

こういった例が明らかに示すように、成績へのプレッシャーがいつも「あがり」につながるとは限りません。確かに、プレッシャーが強いと成績が伸びる人もいます。

これはなぜでしょう？

よい成績をあげることへのプレッシャーは脳に二つの違った影響を与えます。

第一に、プレッシャーは作業記憶の容量を減らします。ここまでの章でお話ししたとおり、作業記憶とはその時に意識の中に保持できる情報量のことです。意識の中に保持できる情報が多ければ多いほど、断片的な知識につながりが多くでき、行動がより創造的で柔軟になります。

でも、ストレスがかかっていると、そのような情報のいろいろな断片を保持する容量が減ってしまいます。身体がこのようにできているのは都合がよくないように思えますが、攻撃の危険（進化の過程では私たちの先祖にとってストレスの主な原因でした）にさらされると、その時にいちばん重要な情報に注目して身体を動かすことの方が、時間をかけて創造力を働かせて逃げ方をいろいろと考えることより優先されます。ストレスに対する脳の反応は、危険な状況からいち早く逃げ出す方法を見つけるのに役立つのです。

第二に、プレッシャーは自分の行動により多くの注意を払う原因になります。ストレスがかかった状況では、間違った動きが失敗につながる可能性があります。確かに、人類の進化の歴史では、ストレスがかかった状況の多くは生死にかかわっていました。このような環境では、ストレスがより多くの注意を自分の行動に向けることにつながるのはうなずけます。

でも、現代の世界は私たちの祖先が生きていた旧石器時代の世界とは相当違います。現代の文明社会でのストレスのほとんどは、私たちを捕えて食べようとする生き物や私たちの生活領域を脅かす人たちから来るものではありません。その代わり、社会的状況、上司の期待、スポーツのイベントから来るのです。このような、生命を脅かすことのない状況であっても、深刻に引き込まれると、私たちは強いストレスを感じます。こういったとき、何千年もの間に発達してきた反応は、現代の世界にうまく適応しているとは限りません。

そして、それがプレッシャーの下での「あがり」につながるのです。

ボブ先生は音楽学部の教授として、演奏を聞く機会がたくさんあります。時々、テストの時に演奏する学生は、何か月も練習した曲をうまく演奏できないと感じています。こういったことが起こる理由は特に興味深いものです。なぜなら考え方と注意を注ぐ方法の変化にかかわるからです。

いろいろな方法で練習すると、高度に洗練された技巧的な動きを意識的にコントロールせずに自動的に行えるように脳が訓練されます。しかし、評価されるというプレッシャーの強い状況では、脳の強力な部位である前頭葉がこのような練習を重ねた動きを監視し始め、動きをコントロールする信号のタイミングや協調性を混乱させてしまいます。こうして、練習室では美しく響いていた曲が突然間違いだらけになってしまうのです。

この種の監視は多くの状況で起こります。アート先生が高校生のとき、いくつかの劇に出演しました。その中で、演技中に急に手を自覚したことをはっきりと覚えています。普通、腕や手は無意識に動かすので、どの部分が何をやっているかに注意することはありません。舞台に上がっているというストレスで、アート先生は自分の動きを考え始めてしまい、手が何をやっているのか明確に考えようとして、舞台上での動きが突然ギクシャクしてしまったのです。

読者のみなさんもやってみてください。自然に手を動かすときにはどうやっているのかおそらく見当もつかないので、手をどう動かすかを決めようとすると、変な動きになり、変な感覚になります。

このような自己監視によって起こる問題を防ぐのに役立つ方法がいくつかあります。（楽器の演奏やスポーツなど）身体の動きがかかわる技能を練習する場合、プレッシャーがかかった状況でその技能を実行するときに集中することも練習しておくべきです。そうすれば、特定のことに集中する習慣が付き、自分自身の動きの監視へと注意が移ろうことが少なくなります。

たとえば、野球選手は打撃練習で試合の状況を想像しながら練習することがあります。そうすれば、打席でよいパフォーマンスを出すようプレッシャーを感じても、バットのスイングを過度に意識するのではなく、試合の要素により集中することができるでしょう。

前にお話ししたように作業記憶容量が減少すると、開放的に考えたり、創造的に考えたりする必要がある状況で問題が起こります。このようなわけで、試験に対する不安が多くの学生にとって大きな課題になるのです。試験では柔軟な思考がよく求められますが、評価される状況でたいへん緊張する学生は、不安になった結果、作業記憶容量が減少するので、柔軟に考えるのが難しくなります。このため、重要な試験の成績が勉強した内容を反映していることはほとんどありません。

学校でのストレスに関する研究の多くは数学不安を対象としています。何年もの間、教育関係者は、男子学生の方が女子学生より数学を重要視し、年をとるにつれて数学を使う職業を探す傾向にあることに気づいていました。心理学者の見解では、数学不安のレベルは、特に中学校に入ると女子学生の方が男子学生より高くなります。

しかし、数学不安の興味をそそる点は、数学不安を感じている女子学生はその時受けている特定の試験よりも数学が得意かどうかについて心配していることです。ですから、試験中は男子学生も女子学生も数学不安を実際に同じ程度に感じるものの、女子学生の方が自分は数学でもっといい成績を取るべきではないかと心配します。

女子学生が数学の試験で伸び悩むのは、「ステレオタイプ・スレット」(固定観念に対する恐怖)と呼ばれる一種のプレッシャーの結果でしょう。ステレオタイプ・スレットは、自分が否定的な固定観念に関連付けられているグループの一員になっていると現れます。そういった固定観念を裏付けるような状況にあると、さらにプレッシャーを感じて成績が落ちるのかもしれません。

たとえば、米国ではアフリカ系アメリカ人は白人より知性が低いという固定観念がまん延しています。アフリカ系アメリカ人は、自身が属しているグループに自分の成績が悪影響を与えるのではないかと心配すると、公式な知能検査の成績が平均より低くなる場合があります。このステレオタイプ・スレットは多くのいろいろな状況で観察されています。たとえば白人男性は、白人男性でいっぱいの部屋よりもアジア系男性でいっぱいの部屋にいる方が数学の試験の成績が悪くなります。これは、アジア人は白人より数学が得意だという一般的な固定観念があるからです。もちろん、成績へのこのような影響を意識的に認めている人はいませんし、その影響は小さくて取るに足りないことがよくあります。それでも、自分自身に期待されていることが、またその期待に関連したプレッシャーが、成績に影響することがあるでしょう。

この章を終えるにあたって提示したいのは、成績へのプレッシャーに対処するもっともよい方法は、自分を強いプレッシャーがかかる状況に置いての実際の練習だということです。自ら作りだした状況でもかまいません。恐ろしいと思われる状況に直面すればするほど、恐ろしい状況は思ったほど恐くないのだと脳に覚え込ませる機会が増えます。一回の成績が生涯続くほど重大なものになることはめったにありません。プレッシャーの下で何度も演奏や演技などをしているうちに、ストレスへの反応は不要どころか逆効果になると自らの動機付けシステムが学習します。平静を保つことを学びましょう。

プレッシャーを感じながら練習をすると、本番で落ち着いて演奏ができる。

27　何を買うかはどうやって決めているのでしょうか？

二、三年前、アート先生は新しいコーヒーメーカーを買う必要があり、近所のベッド・バス&ビヨンドという店に行きました。そこは家庭用品が取り揃えてあるチェーン店で、まるで大きな洞窟のようでした。その店で先生はコーヒーメーカーがずらりと並んだ売場と直面しました。さまざまな特徴を持った商品がたくさんあり、目がくらむようでした。たとえば、円錐型のドリッパー、バスケット、Kカップ、さまざまなサイズ、自動タイマー付き、ガラス製や金属製のポットがありました。選べる機種は三〇種類以上あったに違いありません。

選択肢があまりに多くて、アート先生はコーヒーメーカーについての至高体験〔訳注：心理学者マズローが発見した「無上の喜びの時間」を実現した状態〕を得られることはできないとすぐにわかりました。もう少しで叫びながら店から逃げ出すところでした。自分にいちばん合っているのがどの機種かがわかる簡単な方法はありません。少なくともどの機能が自分にとって重要かを説明する詳しいガイドを読んだり、数日かけてすべての選択肢を注意深く調べたりしなければわかりません。また、どれがいいか決める手伝いやアドバイスをしてくれるコーヒーメーカー・コンシェルジュがいればおそらくお願いしたでしょう。

結局、アート先生はたぶんすぐには壊れそうもない作りの、円錐形ドリッパーの一二カップコーヒーメーカーを選びました。製造会社のブランド名は知っていたのでたぶんそこそこ丈夫な作りだろうと思いましたが、どれを買うか見当がつくまで一〇分ぐらいかかりました。こうして買ったコーヒーメーカーを数年間使っていて、かなりまともなコーヒーが今でもできるし、この機種に決めたのは正解だったようだと、アート先生は満足げに言います。

この例は、私たちが買い物するときによく起こることです。買う製品について、たいていの場合はほとんど知りません。いくつかのメーカーの名前を聞いたことがあり、重要だと思う二、三の機能は頭に入っているかもしれませんが、製品の微妙な違いはほとんどの人は知らないし、気にかけるものでもないでしょう。

それでも、どれかを買うにはどうやって見当をつければいいでしょうか?

意思決定についての経済学理論の説明では、ある製品を選ぶときにはその製品の(価格を含む)特徴のそれぞれを考慮し、その特徴が自分にとってどれほど役立つかを見出し、重要性に応じて特徴に相対的な重みを割り当て、全般的にどれほど役立つか(経済学では「効用」と呼びます)を加算します。このように計算して有用性が最高になった品物が、私たちが選ぶべきものです——理論的には、ですが。整然としていて一見すると合理的な説明ですが、ほとんどの場合、実際にはこんな方法では買い物をしませんね。

たいていの環境では、ある製品のそれぞれの面を評価して、価格に対して特徴を重み付けするのは時間がかかりすぎて普通ならやりません。人であふれた、ペースの速い今日のような時代なら特にやらないでしょう。選択肢を一つ一つ丁寧に評価するには十分な知識も忍耐力もありません。その代わり、環境や記憶からすぐに得られる情報を使います。

中でも影響があってすぐに得られる情報は、製品やブランド名がその時にどれほどなじみ深いかです。実際、なじみ深いことが、買おうと決めるときの主な原動力です。人間は新しいものやなじみのないものに不信感を抱き、なじみ深いものを好むように「配線」されています(つまり、生まれつきその傾向があります)。心理学者ボブ・ザイアンスはその研究で「単純接触効果」と呼ばれる心理現象を提示しました。

だれかに何かを見せる（触れさせる）だけで、その人にとって後にそれが魅力的になってしまうということです。

メラニー・デンプシーとアンドリュー・ミッチェルは、前に触れたことを自覚していなくてもこの効果があることを示しました。その研究に一つで、何か肯定的な情報と組み合わせてペンの画像を被験者に見せました。しかし、ペンの画像はほんの一瞬しか画面表示されず、被験者がその画像を意識的に認識するのは不可能です。

後に、被験者はいくつかのペンから一本選ぶように言われますが、実験の初めの方で潜在的に（自覚していない意識下で）一瞬だけ見せたペンも含まれていました。ここで何が起こったと思いますか？　被験者は見たことがあるペンを選ぶ傾向があったのです。そのペンよりも客観的に優れた特徴がある別の（見たことのない）ペンがあったのにもかかわらず、一瞬だけ見たペンを選びました。単純に画像を一瞬見せただけでも、他のペンよりもそのペンがよりなじみのあるもの（選ぶに値するもの）に思えるようになります。この場合、被験者はそのペンを前に見たことを意識的に認識していないのです。このことから、生活環境で触れる広告を無視しようとしても意思決定に影響する場合があり、アート先生が前に聞いたことがあるブランドのコーヒーメーカーを買うことにした理由の説明になっています。

ロックのコンサートに行ったことがあれば、おそらく単純接触効果を体験したことがあるはずです。メインのバンドは二時間演奏して、最大のヒット曲はショーの最後まで残しておきます。観衆のウケがいちばんいいのは、ラジオからよく聞こえてくるその曲なのです。ウケがいい曲は客観的に見てこのバンドの最後の曲かもしれませんが、たぶん最高の曲はそうでもないでしょう。観衆にいちばんウケるのはそういった曲になじんでいるからで、なじみが好みに変わるのです。

企業は自社の製品になじんでもらおうとたいへんな時間、努力、お金を費やしますが、ここでいう「なじむ」とは「記憶から簡単に呼び出せる」という意味です。実際、それが広告のいちばん重要な機能の一つです。確かに、広告には製品に満足しているお客さんの映像が使われることがよくありますが、そういう人たちはその製品がなぜ役立つのかを伝えています。でも、広告の最も重要な働きは、製品になじみを持たせて、お客さんが店で見たときにより好ましいと思わせることです。

もちろん、広告と親しみやすさだけが日常の選択に影響する要因ではありません。買う時に得られる一連の選択肢で決まる情報も使います。次に高級レストランに行ったら、ワイン・リストを見てワインを選んだとき、どうしてそのワインを選んだかを自問してみましょう。たいていのワイン・リストには、比較的安いワイン、バカバカしいほど高いボトル、その中間の価格帯に入るワインの順に並んでいます。選択肢がこのように並んでいるのは偶然ではありません。マーケティング責任者やソムリエは、意思決定のもう一つの面を十分よく理解しています。それは「妥協効果」と呼ばれます。さまざま値段のものから決めるとき、中間の価格帯にある品物をいちばんよく選びます。一般に、リストにあるいちばん安いワインは買いません。また、一本一、二〇〇ドルもするシャトー・ヌフ・デュ・パプのような超高級ワインも確かに買いません。その代わり、高すぎも安すぎもしないワインを買う傾向があります。最終的に私たちが選ぶワインはそのワイン自体だけでなく、他のワインがリストにあることにも影響されています。

何を買うか決めるときはたいてい、値段と品質の間に妥協点があります。値段がいちばん高い品物は（いつもそうとは限りませんが）普通は品質もいちばん高いものです。買おうとしている製品についてあまりよく知らない場合、この妥協点を使ってどれを買うか決めることがよくあります。製品がもの足りなかったり、すぐに壊れたりするのを恐れて、普段は品質が最低のものはほしくありません。でも、最高級の「ぜいたく」品はそれほど必要なかったり、買えなかったりするので、中間の値段の品物を選びがちです。

たぶん、普通に行っている選択についていちばん驚くべきことは、選択するまでに時間をほとんど費やしていないことです。結局、努力と正確さとの間の妥協点をよく使っているのです。つまり、選択まで最小限の時間を費やして、使用状況に対して十分な品質の物を選ぼうとします。

近所のドラッグストアに行ったとしましょう。支払いをするのにレジの前に立っていると、チョコレートのお菓子を買おうと思うことがあります。たぶん四〇種類以上のお菓子から選ぶことになります。それぞれを慎重に分析して、合理的な選択をすることもできるでしょう（でも、そうすると列の後ろで待っている人に迷惑をかけます）。その代わり、おそらく数秒眺めただけで選びますね。

そんなに速く選べるのは、完璧な選択をしなくてもそれほど危機的状況にならないからです。たぶん、その時のいちばんよい選択肢はスニッカーズのバーだとして、理想的な選択を逃してしまい、代わりにリーシーズのピーナツ・バター・カップを買ってしまったとしても、おいしいお菓子を食べることはできるでしょう。

ただし、ピーナッツ・アレルギーがあるなら、成分表をよく読んで、体調を崩すものが含まれていないかどうかを確認します。このような場合、間違いを犯すと治療費などが高くつくので、自分の選択が無難だと確かめるのに努力します。

選択にほとんど時間をかけられないもう一つの理由は、毎日行わなければならない決定事項がたくさんあるからです。決定事項のすべてを慎重に考えていたら、今は日課になっていてそれほど時間をかけていないことにまる一日かかってしまいます。たとえば、アメリカ人が特に大きな出来事がない週にスーパーに行くと、だいたい五〇品目買います。一つを選ぶのに一分かかるとすると、品物を選ぶだけで五〇分かかり、それに加えて通路を歩く時間、レジでの待ち時間、店までの往復時間がかかります。これではスーパーでの買い物にだいぶ時間がかかることになります。実際、消費行動の分析では、私たちが選択するほとんどの品物は基本的には前に選んだのと同じものであるとの結果が出ています。比較購買によって多少の節約ができても、品物を素早く選んで節約できる時間が、慎重に決めることで生まれる潜在的なメリットを上回るでしょう。

私たちはみな、あまり時間をかけずに、またすべてのことに精通しなくてもかなりよい決断をするのに役立つ戦略をたくさん作ってきています（意識的なものもあれば、無意識のものもあります）。間違うとたいへんな結果になる可能性がある選択をするときは、決断する前にウェブサイトをちょっと調べて、口コミや詳細な情報を見るでしょう。車や家などたいへん大きな買い物をするときは、多くの口コミを読んだり、それぞれの選択肢を慎重に試したり、専門家に協力を求めたりして、決断するまで数週間かけるかもしれません。

でも、選択するときの鍵となる要素は、ノーベル賞受賞者ハーバート・サイモンが「満足化（satisficing）」という造語（「satisfy」（満足させる）と「suffice」（足りる）の混成）で見事に言い表しています。たいていの場合、使えることには限りがあります。最高の決断をするための時間、お金、精力はいつでも十分なわけではないので、普通は自分が置かれている状況に照らして十分よいという決断で満足しています。

「完璧は善の敵」という使い古されたことわざは、極めてよいものを求めてばかりいると、目的に完全にかなっているものでは満足できなくなる場合が多いことを表しています。このことわざをこの章に合わせると、こんなふうに言えるでしょう。

極めてよい選択をしたと思っても、いつもそれよりよい選択があるものだ。

28　ブレインストーミングをするのに最もよい方法はなんでしょうか？

読者のみなさんはたぶん今までにブレインストーミングに参加したことがあるでしょう。ブレインストーミングとはグループが集まって問題を解決する手段の一つです。みんながアイディアを出し始めたら、そのアイディアの上に他の人のアイディアをかぶせます。このような活気のある協力的な話し合いはとても楽しく、参加者は複雑な問題へのよい解決策を見つけるのに貢献しているとよく感じます。

アレックス・オズボーンが一九五〇年代に「ブレインストーミング」という語を作ったとき、グループを創造的にするための基本的なルールを明確に述べていました。そのルールとは、ブレインストーミングのグループの参加者は、アイディアをできるだけ多く出し合い、他の人のアイディアを批判せず、議論中のアイディアを足場とし、創造性が制限されてしまう制約を取り払うことです。

この規則はあまりに合理的なので、ブレインストーミングの参加者はおそらく疑問を持ったことがないでしょう。でも、心理学者は疑問を持っています。

ブレインストーミング技法の有効性を評価する実験では一般に二つのグループを比較しますが、一方のグループではブレインストーミングの規則を使ってアイディアを出してもらい、もう一方のグループでは同じ人数に集まらずに個人でアイディアを出してもらいます。こうすると、グループより個人の方が多くのアイディアが出るというのが典型的な結果です。でも、アイディアの質はどうでしょうか？　たぶんグループの方が効率がよいので、本当によいアイディアが個人の場合より多いのではないでしょうか。いいえ、そうではありません。研究の結果、アイディアの質を新しさと有益性で評価すると、個人が出したアイディアの方がグループが出したものより優れているという傾向が見られました。この発見はブレインストーミングの場面でよくあることなので、「生産性の損失」という名前まで付いています。

では、なぜブレインストーミングは失敗するのでしょうか？　グループがアイディアを出しやすくするリーダーになるにはどうすればよいでしょうか？

ブレインストーミングがうたっているほどの効果が出ないのには理由があります。実は、ブレインストーミングで使われている、直感的には魅力的なルールの多くは、本当は実用性の低さにつながっているのです。ルールを一つずつ考えてみましょう。まず、グループで集まるのが創造的に考えるのによい方法だというイメージです。

創造的に考えるには二つの過程が関わりますが、その一つは「発散」と呼ばれるものです。発散的思考の目的は、さまざまな可能性を多く出すことです。発散的思考のテストはたくさんあります。たとえば、レンガについて考えつく限り多くの使い道を出してもらうのは発散的思考のテストです。

創造性の第二の部分は、出したさまざまなアイディアを評価し、どれがいちばんよいか決めることです。この過程の結果、考慮している選択肢の数を絞ります。創造的過程のこの部分はよく「収束」と呼ばれます。

グループで考える場合、最初にアイディアを出した人がその部屋にいる他の人の記憶を乱してしまうのが問題です。普通、グループの中で注目の的になりたい人が最初のアイディアを出します（アート先生はグループで作業していると、自分のアイディアをすぐに出す方です）。でも、最初にアイディアを出したからといって、それがいちばんよいアイディアとは限りません。単に、大きな声を出す人の最初のアイディアだというだけです。

そのアイディアがグループの他の人の意識に入り、そのアイディアから思い出せる他のことについて考え始めてしまうのです。無意識のうちに、アート先生が議論の口火を切ったことで思考過程がそのアイディアに限定されてしまい、部屋にいる他の人が議題となっている問題について同じように考えるようになり、創造性の発散的思考の面を妨げます（アート先生のおかげで……）。

確かに、グループ・ダイナミックス（集団力学）の多くの研究で、グループは意見の一致を得るのに特に適していることが示されています。一緒に話している二人組や同じ時間を過ごしているグループは、一般に考え方が同じになります。マスコミでよく取り上げられる「集団思考」の概念は、グループ内で交流が多くなればなるほどグループ内の個人の世界観が同じようになるという考えです。これはグループの団結を保つには大きな力ですが、創造性にはよくありません。

でも、創造的になろうとするならグループを使うべきでないといっているのではありません。その代わり、発散的思考が必要なときは、グループ内の個人が実際は別々に考えるのがよいことを認めるべきです。そして、個人のアイディアをグループの（個別にアイディアを出そうとしている）それぞれのメンバーに回覧して、そういったアイディアを基にみんなで考える機会を与えます。

この方法だと、他の人のアイディアで自分の考えが乱される前に、グループのそれぞれのメンバーができるだけ多くのアイディアを出す機会を得ることができて、グループ内の多くの人の幅広い知識ベースを効果的に活用できるという利点があります。また、他の人が出したアイディアを個人が膨らませることもあります。

みんなが自分のアイディアを出した上で、他の人のアイディアの上にさらにアイディアを組み立てた状態で、グループで集まるべきです。ここでのグループ・ディスカッションでは、どのアイディアが問題に対するよい解決策かどうかを決めるのが目的です。グループの意見は収束する傾向にあるので、この話し合いは意見を一致させるのに役立ちます。それに、最終的にはみんなが話し合いに貢献するので、この過程は最後に選択した解決策についてグループのメンバー全員に当事者意識を感じさせるのに一役買います。

ブレインストーミングのやり方をこのように変えると、自分のアイディアを本当に気に入っている人の影響を防ぐことができます。（少し前の章でお話しした、性格特性でナルシスト性が高い人は特にそうですが）自分のアイディアをどうしても選んでもらいたいと思う人がいることがあります。自分のアイディアを躍起になって売り込む人がいると、グループがさらによいアイディアを出せる可能性が小さくなります。

ブレインストーミングのルールで他に創造性を妨げる可能性があるのは、問題の制約を無視するというものです。採用されるかもしれない解決策に制約を課すと、本当に奇抜な解決策を考慮できなくなるだろうと考えるのは妥当に思えます。でも実際には、問題にまったく制約がないと、それほど創造的でなくなってしまいます。これは、制約を含めた問題の説明は自分が知っていることを思い出させ、その記憶は出てくるアイディアに影響します。制約があると、実行可能な解決策を出すのが難しくなりますが、それにもかかわらず解決策が出れば、かなり奇抜なこともよくあります。

トーマス・ウォードは、存在しない動物や未知の惑星から来た動物を被験者に描いてもらうという実験を数多く行ってきました。おもしろいことに、被験者が描くほとんどの絵は（未知の惑星から来たという仮定があっても）人間とほぼ同じようなかたちをしていて、いろいろな感覚に対してそれぞれの感覚器を持っています（人間や地球上の動物が持っているのと同じ種類の感覚であることが多いようです）。普通、被験者が描く姿は対称的で、さまざまな種類の付属器官（身体部分から飛び出して付いているもの）が二つ、対になっています。そして、この生物の想定が知性的であればあるほど、人間に似せて描かれます。

しかし、より多くの制約を課題に設けると、描かれる絵もより創造的になります。地球上の生物と未知の惑星から来た生物の間に明らかに似たところがあってはいけないという制約を設けたとしましょう。たとえば、仮想の生物がその惑星で地面に触れられないとすると、その生物がいつも浮かんでいられるような機能を考え出し、その機能が付属器官のアイディアに影響し、感覚器官のアイディアにも影響がある場合がよくあります。

ブレインストーミングのセッションから生まれる概念は新しくかつ有用でなければならないので、日常の設定では制約が問題になります。通常、本物の創造性は課題に対して解決策を探すことですが、その解決策が役に立つような制約に従います。

ですから、次にプレッシャーの下で優れた新しい解決策を出すという状況になったら、これを思い出してください。

個人の意見は発散し、グループの意見は収束する。

29 オンラインでのコミュニケーションがとても非効率的なのはなぜでしょうか?

五〇〇年前、人間のコミュニケーションはほとんどすべて対面でした。もちろん、メモを書くことはできましたが、どんな距離でも送るのは難しく、場所によってはほとんど不可能でした。二一世紀初頭まで話を進めると、この時代には地球規模でメッセージが瞬時に行き交うコミュニケーションが当たり前になっています。電話をかけたり、インターネット経由でテレビ電話を使ったり、どこにいてもほとんどの人にテキスト・メッセージやEメールを送れます。

世界中のだれとでもほとんどいつでも連絡が取れることはすばらしいですが、今日私たちが使っているコミュニケーション形式は、言語が発達したてのころの状況とはだいぶ違います。そのころは少人数のリアルタイムでごく近い距離でのコミュニケーションでした。長距離のコミュニケーションでは情報を伝達するのに必要な基本単位に言語の内容を抜き出しましたが、人間のコミュニケーションは話された言葉以上のものから成り立っています。

たとえば、ボブ先生が「そのシャツいいね!」と言ったら、おそらくボブ先生は愛想よく振舞っているのでしょう。一方、アート先生が同じことを(特にボブ先生に向かって)言ったら、たぶん愛想よく振舞っているのではありません。同じ言葉で挨拶していても、イントネーションが違います。さらに、文脈もわかりません。でも、ボブ先生がけばけばしいアロハ・シャツを着ていて、アート先生がスタイリッシュなボタン・ダウンのシャツを着ているといえば、この挨拶の意味のヒントになりませんか? たぶん。言葉自体は完全に真のメッセージを伝えていませんが、イントネーションと文脈によっては、同じ挨拶でも実際には逆の意味を表しているでしょう。

言語学者は、私たちのコミュニケーションを助ける、言葉を超えた要素のことを言語の「語用論」と呼びます。二人が会話しているとき、声の調子、リズム、文の抑揚、身振り、表情などすべてが言葉の理解に影響します。

ここで、話をEメールに移しましょう。わずか二五年で、Eメールはハイテクに詳しい少数の人たちが使うものから、ほとんどの人が使っているコミュニケーションの手段になりました。ごく普通の日にアメリカの職場でやりとりされるEメールは、自分宛てに送られてくるのが五〇通以上、最新の情報を知らせるための同報メールが五〇通、何かを売りつけようとするのが五〇通ぐらいです。Eメールは簡単に送信できて宛先に素早く届くので、さまざまな目的で使います。たとえば、同僚や友だちとの会話、長文の依頼、問題が起きた時の苦情などがあります。こういったことは以前は本人に直接伝えたり、電話をかけたりしていましたが、今ではメールを書いて「送信」ボタンを押すだけで済ませることが多くなりました。

あまりに多くのコミュニケーションが書き言葉で行われているという問題に注目する前に、Eメールを受け取る頻度について一言述べておくべきでしょう。宛先が地球のほとんどどこでも、Eメールが届くのにミリ秒単位の時間しかかからないので、相手が受け取ったらすぐに返事すべきだと感じることが多いですね。でも、毎日受け取るEメールの数を考えると、すぐに返事しようとするとEメールのチェックと返事だけで一日が終わってしまいます。新着メールを示す着信音とアイコンが気になってしまい、何が来たのかチェックしてしまいます。これは、マルチタスクをしなさいといわれているようなものですが、以前の章でお話ししたとおり、人はマルチタスクが下手なのです。

Eメールの送信者（たとえば返事を待ちきれない上司）がちょっとしたメモ程度のメールにもすぐに返事

することを求めるような職場環境で働いている方もいるかもしれませんが、たいていのEメールは返事をせずに数時間放置していてもかまわないでしょう。それどころか、数時間未読のままでもよいでしょう。決められた回数――できれば生産性や創造性が限られている時間――しかチェックしないようにソフトウェアを設定して、毎日のEメールをチェックする回数を減らせば、仕事がはるかにはかどるでしょう。

さて、気が散って重要なことがおろそかになるほか、Eメール、テキスト・メッセージ、チャットは、人間関係に否定的な影響を与えるおそれがある誤解につながる場合があります。

たとえば、単純にものを頼むときのことを考えてみましょう。だれかに何かをするように頼まれたとき、本人から用事を直接伝えられた場合でも電話がかかってきた場合でも、頼んできた人の声の調子が、その頼みがどれほど切迫したものかを表しています。また、その頼みが強い要求なのか助けを求めるお願いなのかも表します。メッセージを送っている人の声の調子がわからない状況では、その頼みがどれほど重要か、どれほど切迫しているのかを、頼まれた人が誤解しやすくなります。そういった誤解は、いつ、どのように反応するかについての判断を誤る原因になります。ひっきりなしに受信箱に入ってくる、あふれんばかりのEメールに圧倒されている人は、新着のEメールがあると今すぐ行動を取らなければならないと間違って解釈してしまうことがあります。メールに返事するのは通常、その週ずっと取りかかっている報告書を完成するより短い時間で済むので、これは特に問題です。Eメールに返事をしたことに伴う達成した、完了したという感覚（「はい、終わり！」）が、早く返事をしなければと思わせる力の主な理由です。（まだできていない）報告書により多くの時間を今日費やすのは、Eメールとどちらに集中するかという競合に弱いのです。

仕事にどれだけ時間と労力を割いてもらえるかは、本人に直接話すか電話で話せば比較的簡単に交渉できます。この種のやり取りはEメールでは難しく、時間もかかります。ですから、頼みが単に急ぎのものと考えてしまいがちです。（そして、メールを送った人を逐一恨んでしまいます。）

Eメールのもう一つの問題は、コミュニケーションを行っている当事者の距離から起こります。たいていの人なら、本人と直接話をするときは気遣いをしようと思います。気遣いとは話している相手の感情を考慮するという意味です。緊張や議論を助長するような人はいますし、そういった環境は確かにあるものの、他の人と直接話をするのは比較的心地よいものです。

その瞬間、自分の言葉が話し相手に影響しているのがわかります。相手を混乱させたり、心地よくしたり、傷つけたりするようなことを言ったら、相手の感情的な反応にすぐに気づくことでしょう。でも、Eメールを送る場合、書いている間は自分の話に対する反応がわかりません。その結果、人間の感受性を処理するフィルターをオフにしていると、相手の反応を見ているときよりも言葉遣いが素っ気なく、下品で、意地悪になることがあります。メッセージの送信者と受信者の間に時間的、空間的な距離があるため、気分を害したり傷つけやすくなります。というのは、受信者の感情を見て取ったり、肌で感じたりすることができないからです。

テキスト・メッセージやチャットでのコミュニケーションをよく行う人は感情が曖昧になる問題に気づいていて、（感情を伝えるための文字を基にした配列である、「(*^_^*)」のような）顔文字や（「☺」のような）絵文字の創作につながりました。このような画像は書き言葉にちょっとした感情的な色合いを付け加えるという意図があります。こういう慣習や、英語では文全体を大文字で表して大声を出していることを示す（たとえば「YELLING IN ALL CAPS!」（すべて大文字で叫んでいる！））といった手法は感情的な曖昧さをなくすのに役立っていますが、あまり時間をかけずに書かれた文章から感情的な色合いを読み取るのはやはり難しいものです。

会話の能力は本当は訓練が必要な技能なのです。部屋の中で座ってだれかと話すには、意志を伝えるために声の抑揚、顔の表情、身振りを使います。会話が上手な人は、相手に話をさせるように言葉と言葉の間に間《ま》を置きます。練習しなければ、効果的に会話に参加するのは難しいのです。

また、聞くこともたいへん重要な会話の技能です。多くの人は話を聞くとき、話し手が次に何を言うか理解するのに十分な注意を払います。話し手が伝えようとしていることを本当に理解して、それに適切に応答するには忍耐が必要です。聞き手の反応を観察し、それに反応するとき、協力的な関係が発展できます。

でも、主に書き言葉でコミュニケーションを取っていると、肯定的な関係を築き、維持するために感情が作り出す重要な貢献が使えません。このような感情の交換をすると、人生や仕事での課題がより快くなります。

それでも、私たち二人はEメール、テキスト・メッセージ、チャットを完全に廃止せよと提言している技術懐疑派ではありません。Eメールなどの通信手段は重要な役割を果たしていて、たいへん効果的に使えることもよくあります。でも、言葉は人間のコミュニケーションのごく一部で、誤解されやすいのです。そこで、これを覚えておきましょう。

文字だけで伝えられることは穴だらけ。で、穴を埋めるのはやっぱり会話。

30 起こってないことを思い出すということはありえるでしょうか？

アート先生は子どものころ不思議な体験をしました。友だちの家に遊びに行ったとき、その友だちは冒険の話を長々としました。友だちは湖のそばをハイキングしていて、傷ついたアヒルに出会ったというのです。アヒルを家に持って帰り、家族で世話をして元気になったところで湖に返したそうです。

その話は本当に細かく、アート先生の友だちの感情は明らかに高ぶっていましたが、話が終わるとすぐ、友だちのお兄さんが部屋に飛び込んできて友だちの頭をぶっ叩き、「お前、そうじゃないだろ。お前じゃなくて俺がアヒルを見つけたんだ」といったのです。後でご両親にちょっと聞いてみたら、やっぱりお兄さんの言うとおりでした。アート先生の友だちは本当に起こったことを話していたのですが、主役を自分と勘違いしていました。

こんなことはありうるのでしょうか？　とても鮮明な記憶で、自分が完全に信じているほどの記憶なのに、肝心の部分がまったく間違っているということがありうるのでしょうか？

心理学者はこの疑問を研究していますが、それにはいくつかの理由があります。明らかに、人が偽りの情報を含んだ記憶を持つという考えはそれ自体、興味深いものです。しかもそのうえ、法律制度は合理的な目撃情報を提供できる人を信頼しています。自分が経験した出来事についての記憶がそれほど正確でないのなら、多くの目撃証言に疑問を投げかけることになります。

私たちの文化では本当によく称賛や非難をします。たとえば、ある技術が発明されると特定の個人の功績にしますが、ほとんどの発明は似たような問題に取り組んでいた多くの人たちの努力があってのものなのです。でも、正しく称賛と非難をするためには、あることをだれが言ったか、だれが行ったかを正確に覚えておく必要があります。

偽りの記憶がどうやって生まれるかを理解するには、脳が情報を保存する方法について少し触れておくのが重要です。脳はよくコンピューターに例えられます。実際、コンピューターに例えるとわかりやすくなる部分は多いのですが、記憶の保存は違います。コンピューターでは長期間保存されるデータはディスク上やその他の保存メディア上のアドレスという部分に送られ、必要に応じて間違いなく読み出されます。プラス面としては、コンピューターは一般に情報を忘れません。でも、マイナス面としては、コンピューターから情報を引き出すにはディスク上のアドレスを知る必要があります。

脳では情報の取り出し方が違います。情報は脳のあちこちに分散して保存されていて、過去に見聞きしたパターンと部分的にでも一致すれば記憶として取り出されます。ただしその代償として、記憶は実は使うときに「再構成」され、記憶が再構成されるたびにさまざまな似通った記憶の部分がたくさん集められる可能性があります。

この点がコンピューターの例えが破たんするところです。コンピューターでは、文書が保存したときとまったく同じ状態で読み出すのがたいへん重要です。一方、脳の目的は別なところにあります。脳の働きの多くは、次に何が起こるかを予測しようとするのに関係しています。脳にとって重要なのは、その予測が正しいことです。ですから、以前にあった出来事をそのまま正確に記憶することではないのです。

人生の出来事についての情報を脳が保管する方法で重要な面は、その内容が情報源から分かれていることです。見聞きしたことの特定の記憶とそれが起こった状況と一致させるには、情報と情報源の両方を同時に呼び出すしかありません。情報源の一部を失ったり、その情報源を取り出せなかったりすると、別の情報源からの情報を混ぜ始めてしまい、すべてが同じ出来事の一部だと思い込みます。

エリザベス・ロフタスらはこのような現象を一九七〇年代からずっと研究しています。エリザベス・ロフタスについてはなぜ物語が記憶に役立つのかを説明した章ですでに少し触れました。前にお話しした研究では、聞いた言葉が後の記憶に影響するという結果が出ました。

ロフタスの古典的な研究では、被験者に車の事故の映像を見せました。この映像では一台の車が一時停止の標識を守らずに交差点に入ってもう一台にぶつかります。後になって、被験者は間違った情報を含む質問を受けます。それは「徐行の標識を守らずに交差点に入ったとき、車の速度はどれくらいでしたか？」というものでした。この質問は車の速度に焦点を合わせていますが、一時停止ではなく徐行という情報が間違っています。

後に、被験者に絵を見せて、以前見た映像の一部はどちらかと質問します。徐行の標識という質問をされた被験者は、車が一時停止ではなく徐行の標識を守っていない絵を選ぶことが多かったのです。この結果が示しているのは、被験者が聞いた情報と見た情報をまぜこぜにしていることです。

この種の偽りの記憶を作るは意外なほど簡単だということがわかりました。後の研究で、ロフタスらは多くの大学生に、自分が五歳のときにショッピング・センターでちょっとの間だけ迷子になったという偽りの情報を確信させることができました。基本的に、被験者は自分の以前の記憶と実験者から与えられた情報を混ぜこぜにして、ついには、言われたことの一部ではない詳しい情報を付け加えてしまいます。

偽りの記憶は、以前起きた出来事を振り返って考えるときによく経験します。その出来事について言われた話に実際に経験したことの記憶を組み合わせたものをまとめます。ずっと後に見たホーム・ビデオが混ざってしまうこともあります。アート先生の友だちはアヒルを実際に見たことは覚えていて、その時に撮った写真も見ているでしょう。でも、時が経つにつれて、自分の行動ではなく兄がアヒルを家に持ってきたのを見たことが情報源になっていることを忘れてしまいました。

一九九〇年代、ロディ・ロージャーとキャサリン・マクダーモットは一九五〇年代にジェイムズ・ディーズが最初に使った臨床検査手法を復活させました。この手法では、被験者はすべてが目標の語に関連した一五の単語からなるリストを聞きます。たとえば、目標の単語が「窓」だとすると、リストには「ガラス」、「窓枠」、「敷居」が含まれています。目標の単語自体はリストにはありません。

後に、被験者はリスト上の単語をできるだけ多く覚えるように指示されます。研究方法によりますが、二五パーセントから五〇パーセントの被験者は、リストにはなかったにもかかわらず、目標の単語を見たと報告しました。目標の単語に関係したすべての単語が、被験者に目標の単語のことを想起させるというのがこの研究の狙いです。もし被験者が聞いたことと単に想起したことの区別が付かないなら、目標の単語を間違って思い出させたことになります。

情報源の区別を難しくする要因は、何かを間違って思い出させる可能性を高めます。たとえば、被験者がマインドフルネスの瞑想法に参加しているとき、思考を判断するよりも思考を経験することに集中しています。後に、前に述べたような単語のリストを提示されると、目標の単語を間違って思い出すことが、マインドフルネスの瞑想をやっていないときよりも多くなります。

最後に、既知の内容とその情報源の分離はデジャヴ（既視感）経験にも関係しています（これはボブ先生が気落ちする点で、このことをもう書いたかどうか聞いています……）。何か新しい物事に出会ったときに起こることを考えてみましょう。新しい物事を見ても、それに関係した記憶は取り出せません。その結果、記憶の源についての記憶は活性化されません。そこで、この物事は前に見たことがないと理解します。

でも、新しい状況は前に出会ったことがある物事と漠然とですが関係があります。ここで、突然、前に見たことがないとわかっている物事を見て、いつどこで見たかの感覚があるので、まるでなじみがあるかのように感じます。これがデジャヴの経験につながるのです。

私たちはデジャヴ経験にあれこれと不可思議な意味をつけたがります。デジャヴは前世の反映とか、超自然の力とか、未来を予測する夢の信じられない能力とか、そういった説を真に受けてしまうのです。出会ったことがないとわかっている物事になじみがあると思うと当惑するのももっともです。

世界の主観的経験は記憶の内容からこういった記憶の源を分離していません。前に出会った物事を単に記憶していて、どこで見たかのおぼろげな感覚があるだけです。ですから、記憶のこのような面が脳の別々の場所に保存されているとは普通は思い付きません。ボブ先生がよく言うように、記憶とは過去の再構成にすぎないという事実をほとんどの人は気づいていません。

せっかく超自然現象かもしれないと思っていたのに、本当のことを知ってしまうとちょっとがっかりするでしょう。記憶の源が間違って活性化されて、なじみがないのにあるように感じるだけなのです。つまり——

デジャヴは思っているほど不思議ではない。

31 偏見は避けられるものでしょうか?

アート先生はニューヨーク市からテキサス州オースティンに引っ越してきました。コロンビア大学で教えていましたが、この大学はマンハッタンのアッパー・ウエスト・サイド地区にあります。大学の近隣住民は多種多様です。この地区はハーレム地区から五ブロックほどのところです。街を歩いている人たちは人種的にも民族的にいろいろです。この地区のバス停に掲示されている看板は多言語で書かれています。

一方、オースティンはアート先生が驚くほどずいぶん違った状況でした。近隣住民は人種に分かれて住んでいました。オースティンに引っ越して来てまもないころ、先生はケータリングの昼食が出るイベントに招待されました。このイベントの間、どうしてかよくわからないのですが、少し気まずい感じがしていました。後になって気づいたのですが、このイベントでテーブルに着いていた人たちはほとんどが白人で、給仕していた人たちのほとんどが白人以外でした。

実際、オースティンでアート先生が経験した種類の人種的な分離は米国の都市や町では普通のことで、マンハッタンのアッパー・ウエスト・サイドに特徴的な、さまざまな人種が混じり合った状況の方が例外的です。

心理学的には、このような分離がなくならないのにはいくつかの理由があります。

第一に、人は何らかの点で自分と似ている人を好きになる傾向があるからです。同じ経歴だったり、似たような教育レベルだったり、同じ活動やイベントが好きだったりすると、その人たちと一緒にいることに心地よさを感じるものです。また、自覚していてもいなくても、肌の色とか、人種や民族を示すその他の特徴を基に、自分と他人が似ているところがあるかどうかを素早く判断します。

第二に、一緒の時間を過ごすと「内集団」が形成されることになり、「われわれ」対「やつら」の区別が自然に作られます。自分の内集団にいる人はその集団の外（心理学では当然ながら「外集団」といいます）にいる人と違った扱いをします。このような性質は明白でもあり厄介でもあります。

人を自分の内集団の一員だと特徴付ける方法はたくさんあることがわかります。個人的に知っていることは確かに一つの特徴です。友だちは通常、内集団の一員です。共通の団体や活動も同様です。学生ならば、同じ学校の学生は内集団のメンバーで、ライバル校の学生は外集団に属しています。同じように、会社で働いていれば、支社が全世界に広がっていても、同じ会社で働いている人は内集団の一員だとみなされる場合が多いのです。

もちろん、内集団の定義はその時点で自分がどの集団に属すると考えるかによります。職場にいるときには、ボブ先生は自分はまず音楽の先生であり、他の学部の人たちを外集団の一員とみなします。でも、自分が勤めているテキサス大学とライバルの大学（カンザス大学やテキサスA&M大学）の話になると、ボブ先生の内集団はテキサス大学全体に広がるでしょう。また、他州の大学教員の権利を非難する政治家についての記事を読めば、内集団は教育機関一般になるでしょう。

実験的研究では、「最小集団パラダイム」として知られる技法を使って、人に任意のラベルを貼ることで内集団と外集団を作ることさえできます。たとえば、ある研究では実験者は被験者に点の大きな集まりを見せて、いくつぐらいの点があるか見積もってもらいました。そして、一部の被験者には点の数を多く見積もったと伝え、多く見積もった人には何か特別な性質があると主張しました。実験では（もちろん、徹底した実験では、別のグループの被験者には点の数を少なく見積もったと伝えられます。どちらでも同じ効果があります）内集団の一員だと、資質により細かく焦点を合わせ、そういった資質はその集団に属するからだと思う傾向にあります。たとえば、内集団の一員が寛大な行動を取ったとすると、それは内集団が寛大な人たちが多いという証拠だと考えます。逆に、内集団の一員が否定的な行動を取ったら、何らかの方法でそれをできるだけ小さく考えるようにします。反応の一つは、その行動を状況のせいにして正当化することです。第二の反応は、内集団にとっては普通でない違反を行ったのはその個人の資質だと明言することです。第三の反応は、その行動が思ったより悪くない理由を説明することです。

でも、その行動を取ったのが外集団の一員の場合、この傾向は逆転します。外集団の一員が何かよいことを行ったら、その人は普通ではないとみなされます。つまり、その行動は外集団全体の肯定的な資質を反映していないと考えます。一方、否定的なことを行ったら、思った通り外集団は本当にひどいとの信念を強めます。

NFL（ナショナル・フットボール・リーグ）の二〇一四年シーズンが終わった後のプレーオフで、ニューイングランド・ペイトリオッツのクォーターバックだったトム・ブレイディとコーチ陣は、寒い時期にボールがつかみやすくなるように空気を抜くという不正をしたと非難されました。ペイトリオッツのファンは（トム・ブレイディを内集団の一員とみなして）彼の行動を寒い時期だから必要だったとか、チームの強い競争心の表れだ（いいことですよね？）と解釈しました。

でも、ペイトリオッツ以外のNFLチームのファンにとっては、ブレイディの行動は単にペイトリオッツという外集団の一員としては典型的で、不正をしてでも試合に勝つのだという考えの表れだと考えました。

それまで持っていた意見と一貫するように内集団と外集団の行動を解釈するという傾向があるため、人の意見を変えることは難しいのです。結局、外集団についての否定的な面のすべてを、外集団が悪いことの現れだと解釈すると、外集団に対する恐れや嫌悪が増長されます。特定の個人との好意的な交流があっても、その交流が外集団に対する一般的な意見に影響しない場合、その意見を変えるのが難しくなります。

内集団と外集団のこのような区別は、人生の早い時期から現れます。小さな子どもでさえも、自分と似ていない人よりも似た人を好きになりがちです。実際に、「最小集団パラダイム」技法は幼児にもあてはまり、同じ色のシャツを着ていたり、自分が好きなのと同じ食べ物を選んだりする人を好みます。ただし、幼児と大人の大きな違いは、幼児は自分に似た人をかなり好みますが、外集団のメンバーを嫌いになるという傾向がないという点です。子どもは実は、自分と似ていない人を疑いの目で見るように社会的に条件付けられています。違いには外見や身なり、言葉などが関わります。

見知らぬ人に不信感を抱くのは、人類の進化の初期では道理にかなっていたでしょう。有史以前の時代では、特に食物や水などの資源に限りがある場合、隣の部族は敵かもしれませんでした。だから、部族同士が力を合わせて協力し、今日見られるような大規模な社会の基礎を形作るまでは敵とみなされたでしょう。小さい集団では、団結を強くする仕組みがあるのはおそらくよい戦略でした。結局、社会集団が小さいと、調和を保ったり、互いの命を守ったり、食べ物を与えあったり、世話をしあったりするのに、みんなが特に熱心に働く必要があります。集団が自分自身の延長上にあると思わせる仕組みは、みんなで協力して逆境を乗り越えるのに役立ちます。

もちろん、メモを取っていた観察者がいなかったので、人間の進化の歴史で何に意味があったのかを確実に知るのは難しいです。その結果、こういった進化的な説明が『なぜなぜ物語』のようになりました

（この物語はラドヤード・キップリングの有名な短編集で、さまざまな自然現象がどうしてそうなったのか――たとえばヒョウの点々がどうしてできたのか――について想像力に富んだ説明をしています）。

現代の先進的世界は、進化がたどってきた過去の環境とは異なっています。確かにたまに危険はありますが、現代の社会がたいへん有効に作られたおかげで、世界は一般的には安全な場所になっています。さらに、現代の世界では過去に例がないほど旅行が簡単です。翼が付いた金属のチューブに乗り込めば、（運行に遅れがなければ）一日で地球上のどこへでも行けます。そして、グローバル経済により、さまざまな文化背景の人たちが盛んに交流できるようになっています。このようなわけで、アート先生が住んでいたニューヨークのような環境には多様性があるのです。

よそ者に対する偏見や嫌悪を解決するには、とにかくそういう人たちと交流することです。人は自分の環境の統計データにたいへん影響を受けやすいものです。最初はよそ者に対して不信感を抱くかもしれませんが、そのような人が自分の環境の中で普通にいるようになると、なじみのある人を近所の内集団に取り込む仕組みを学びます。そうすれば、よそ者の外集団ではなくなるのです。

社会的な交流をすれば、外集団にいた人が内集団に入る。

32　とめどなくくどい迷惑に対処するいちばんよい方法はなんでしょうか？

この世にはイライラすることがたくさんありますね。たぶん、会うのが怖い知り合いや同僚がいるでしょう。会うと、果てしなく続く要領を得ない会話に引きずり込まれそうなのがわかっているからです。運転していてもイライラの種があります。道路を走っている他のドライバーは速すぎたり、遅すぎたり、ウインカーを使わなかったり、ブレーキペダルに足を載せたままにしたりしていつもイライラさせます。テキサス州オースティンのような人口が増え続けている都市に住んでいれば、道路を走る車の数が毎日増えているのがわかります。

これもイライラの種ですね。

そのイライラの種が後悔するかもしれない行動につながることがあります。何年か前、アート先生は職場の立体駐車場に入ろうとしていました。先生の車が入口から入ってきたとき、同時に別の車が入ってきました。すると、そのドライバーはクラクションを鳴らし、中指を立てて怒りを表すジェスチャーをしたのです。しかし、二人の目が合った瞬間、その車のドライバーは自分の同僚にあのジェスチャーをしてしまったのに気づきました（きっとゾッとしたことでしょう）。二人はその出来事をまだ笑い飛ばすことができていますが、また同じような状況になったとしたら、おそらく運転中にキレるといった小さなことは控えるのが得策でしょう。

こういったイライラが徐々に不満や（時には）怒りになっていくのはなぜでしょう？

大きな理由の一つは「統制の所在」という概念に関係しています。どんな場合でも、人の行動は自分の決断と自分が置かれている状況の組み合わせに支配されます。ここでは、自由意志というものが本当にあるのかどうかという厄介な問題は脇に置いておくとしましょう。確かに、私たちはみな、まるで何らかの「行為主体」を持っているかのように曲がりなりにも感じています。この「行為主体」とは外界に働きかけて影響を与える何らかの能力です。

周りの世界の結果に影響を与えることができると感じる場合、統制の所在が内側にあるといいます。つまり、自分の運命は自分で作れるものだと感じています。でも、外界が自分の運命を決定していると感じる場合は、統制の所在は外側にあるといいます。つまり、例えていうとジェットコースターに縛り付けられて、現在起こっていることを変えようとしてもたいしたことはできないと感じることです。

私たちは二人とも、世界が自分の状況を決めているのではなく、自分が周りの世界に影響を与えていると普通は感じているので、ほとんどの場合は統制の所在が内側にあります。でも、周りで起こっていることを変えようとしてもほとんど何もできないと感じている人を、二人ともたくさん知っています。こういう人は統制の所在が外側にあるまま生きています。

極端な場合、統制の所在が外側にあると「学習性無力感」につながる可能性があります。学習性無力感については、前に幸せは自分でつかめるのかというお話をしたときに触れました。そこでお話ししたように、人生の方向に影響する本当の選択肢がない状況にあると思っている人がいます。こういう人は外界で主体的に行動できるという希望を徐々にあきらめるようになるかもしれません。そして、ついには何かをやってみることを止めてしまうでしょう。

当然のことですが、学習性無力感は悪い結果をもたらします。たとえば、失読症に苦しんでいる小学生のことを考えてみましょう。クラスの他の子どもたちは本を見て単語や文章をはっきりと読み、情報を得ることができます。でも、失読症の子どもはいくらがんばっても他の子どもたちのように、本が魔法のように情報を与えてくれることはありません。学習障害と診断されていない場合、最終的にこの子は何をやっても成績を上げられないと感じてしまいます。その時点で、学校に行くのをあきらめてしまうでしょう。いずれは失読症と診断されたとしても、教育には自分がもはや影響を与えられないと感じるかもしれません。

同じようなことが、慢性の病気を治そうとしている人にも起こることがあります。何年もの間悩んでいて、何をやってもうまく生活して行けるようになれないと決めつけてしまうでしょう。希望がなくなると、こういった患者はもはや病気と戦う努力をしなくなります。

もちろん、これは統制の所在が長期にわたって外側にある人に起こる極端な例です。短期的には、統制の所在が外側にあると不満や怒りとなって現れることが多いのです。

渋滞で止まっているときに何が起こるか考えてみましょう。ボブ先生は普段は落ち着いたドライバーです。小さくてかわいいスマートという車で、先生はオースティンの道路を楽しく走り回っています。交通渋滞で遅れるのが避けられない状況になっても、たいていは落ち着いて状況に対処します。でも時々、約束に遅れそうなときに交通渋滞が思ったより激しいことがあります。それに、先生の前を走っているドライバーがウインカーを出さずに車線を変更してきたりして、渋滞がさらにひどくなります。

不満が募り始めるのはこういうときです。

この場合、(普段は統制の所在が内側にある)ボブ先生はほとんど何もできない、お手上げの状況に陥ってしまいます。このままでは約束に遅れます。おまけに、道路にはまぬけなドライバーがいます。

さて、ボブ先生はこの状況で何をすべきでしょうか？

イライラに負けて怒鳴るというのが答えだ、と考える人がいるかもしれません。クラクションを大きく鳴らせ、と思うかもしれません。身体から怒りを発散しろ、と。この反応は「カタルシス」という考えを反映しています。カタルシスについての考え方の一つは、怒りをボイラーに入っている水に例えることです。水が熱せられると、ボイラーの中で圧力が高まっていきます。そうなると、ボイラーが爆発しないようにするには、蒸気を少し逃がすことしかありません。怒鳴ったり、人や物などに当たったりするのは、圧力を減らそうとするようなものです。時々、怒鳴ったり叫んだり、無礼なジェスチャーをしたりすると、確かに何となく気が晴れますね。

残念ながら、カタルシスは長い目で見るとうまく行かないのです。脳は習慣を作る機構で、特定の状況でいちばんよく行っていると感じている行動をその環境と関連付けようとします。イライラを感じ始めたらいつでも怒鳴ったり叫んだりしていると、脳はそれがその感情に対する適切な反応だと思い込んでしまいます。イライラは攻撃的に行動するきっかけだと学習します。そうなると問題が起きることがあります。

運よく、ボブ先生にはそういったイライラする状況に対して違った取り組み方があります。まず、このような場合、イライラする状況は自分の自由にならないと認めることが役立ちます。他のドライバーに向かって怒鳴ったところで状況は何も変わらないのです。代わりに、その状況が緊急かどうか一歩引いて考える方法を見つけるとよいでしょう。ボブ先生なら、約束に間に合わずに予定を再調整しなければならなくなるという最悪の事態を考えるでしょう。そして、ラジオをつけて心地よい音楽を聴きます。深呼吸をすると落ち着くので、少し深めに息をします。

状況について何もできないときは、イライラに負けてはいけません。精神的に一歩引くと、状況が感情の状態に与える影響がより小さくなります。深呼吸など心が落ち着く行動をすると、状況からさらに引いた状態になり、事態をよりよく把握できるように感じ、心や身体に大きな打撃を与える無力感や怒りの感情が起こらなくなります。そうです、約束の時間に着くかどうかをどうすることもできないし、予定を再調整する必要があるかもしれませんが、その過程で精神や身体の健康を害すことにはなりません。

もちろん、変えようとしても何もできないだろうと思える状況でイライラしていても、実際には何かできることもあるものです。友だちにイーヨー〔訳注：くまのプーさんの物語に登場するネガティブ思考のロバ〕のような人がいるとしましょう。よいことの中に悪いことを見つけるような悲観的な人です。相変わらず愚痴ばかり言われることになるので、こういう友だちとは話したくありませんね。この人が思いがけなく自分に向かって歩いて来るのを見ると、イライラがこみ上げるのを感じるかもしれません。また不愉快な話になるのかと身構えてしまいます。

こういうときには、この人が話し始める前に、話の方向を自分がコントロールするように考えましょう。先手を打って、何か楽観的で肯定的なことを探して言いましょう。否定的なエネルギーを優しさで帳消しにしてしまうのです。こうすると、案外楽しい話になるか、相手が否定的な話題により興味を持ってくれる人を探しに行くか、どちらかが起こるでしょう。いずれにしても、支配権を取り戻して状況を見直すことができたのです。自分には何もできないと思っても、実際にはできることがある状況が多いことがわかります。

酸っぱいレモンでも、すばらしいレモン・ドロップ・マティーニにできる。

33　人の心を読み取る技能は必要でしょうか？

アート先生は犬を二匹飼っています。犬たちは先生がだいぶ好きなようですが、先生のことをよく理解していません。先生が台所で立っていると、犬たちは食べ物のくずを探して前足をカウンターに載せます。そのときに作られている料理のおこぼれをもらう前に、おこぼれから繰り返し離されてもしつこくやります。アート先生が自分たちを見ることができるなら、食べ物を盗んで台所から逃げて行くことはできないとわかっていないようです。チャンスがあれば、犬たちはフラフラと台所に入ってきて大成功を収め、欲しかったごちそうをくわえて台所から出て行きます。でも、そういうときでも、盗んだ食べ物を噛みながらアート先生が座っている部屋に入って行くのは最高のアイディアではないのかもしれないということはわからないようです。

一方、子どもはずっと賢くて、そんなことはしません。私たちは二人とも子どもを育てた経験がありますが、晩ごはんの前にクッキーをつまみ食いするような、やってはいけないと親が言うことをやって逃げ切りたければ、親が見ていないところでやればいいというのを、子どもたちは早い時期に覚えます。だれもいないことがわかるまで待ってから獲物を取りに行き、親の厳しい目が届かないところで確実に獲物を楽しみます。実際、クッキーを盗んで無事に逃げ切るには、複雑な論理的思考が必要です。子どもは他人（つまり親）が何を知っているかを理解していなければなりません。自分の認識と親の認識に違いを作ろうとしていることを理解する必要があります。ということは、自分がクッキーを食べたと親が見つける方法をすべて知っていなければなりません。それは、（1）クッキーを取って食べているのを親に直接見られること、(2)クッキーがないことの証拠、(3)寝室にクッキーのかけらが落ちているなどルールに違反してクッキーを食べたことの証拠、です。

子どもがクッキーを盗んで逃げ切れる(犬にはない)能力は、人はたいへん優れた「心の理論」を持っているという事実を反映しています。つまり、自分が知っていることと人が知っていることについて考え、それらを別々にして考えることができるのです。そうするためには、人が何かを知るとはどういう要素があるか知っていなければなりません。

この「別々にする」ことについて少し考えてみましょう。

まず、人は、他人が情報を得るためのあらゆる方法を理解しています。何かの出来事が起こっているのを見ていたら、おそらくそのことについて知ることができるでしょう。その出来事について書いてあるものを読んでも、また、だれかからそのことを聞いても知ることができるでしょう。ある出来事の証拠がたくさん転がっていればいるほど、他の人がそのことについて見つけられる可能性は高くなります。逆に、その出来事についての情報に触れることがなければ、そのことを知られることはないでしょう。

人がいつ情報を入手するかに関しての考えは役に立ちます。なぜなら、情報を漏らすことなくいろいろな物を持ち逃げできるからです。自分が知っていることは必ずしもみんなが知っているとは限らないということ、自分がそのことを知らないと人に知られていることがあるということを知っていると、人がなぜ別々の考えを持つのかを理解できます。人の考えはいろいろなので、間違ったことを信じる人がいることもわかります。

たとえば、ジョンが台所に行って、メリーが冷蔵庫の横にある食器棚にクッキーを入れるのを見たとします。メリーはクッキーがどこにあるかジョンに知られたくないので、ジョンが台所からいなくなった後、クッキーを食器棚から出してレンジのそばの引き出しに入れます。読者のみなさんにクッキーは今どこにあるかと尋ねたら、レンジのそばの引き出しの中だとわかりますね。でも、クッキーがどこにあるとジョンが思っているかと尋ねたら、冷蔵庫の横の食器棚にまだあると思っているとわかるでしょう。

メリーとジョンがクッキーの場所について別々の考えを持っているというのは明らかに思えるし、それほど興味深いこととは思えませんが、子どもがこういったことの違いを学習するにはしばらく時間がかかります。小さな子どもは「誤信念課題」と呼ばれるテストを受けます。このテストでは、登場人物が部屋に入って来て、ある場所に何か物があるのを見て部屋を出ます。その後、二人目がその物を別の場所に動かします。二、三歳の子どもだと、たとえ自分はその物がどこにあるか知っていても、物がどこに動かされたかを部屋を出て行った人が知らないということを理解するのが難しいのです。小さな子どもはだれが何を知っているかを推理するのに十分な作業記憶の容量がないのかもしれませんが、五、六歳になるころには、このようなテストでかなりよい成績を取るようになります。

だれが何を知っているかを推理するには精神的努力が要るので、その気がないかぎり、大人でもよく推理できないことがあります。ボアズ・カイザーによる巧みな研究では、ある物語を大人の被験者に提示します。それは、親が訪ねて来ることになったマイケルについての物語です。マイケルは秘書にお勧めのレストランを尋ねました。秘書は新しいイタリアンの店を勧めて、マイケルは親をその店に連れて行き、夕食をとりました。でも、結果的には、食事はまったくひどいものでした。翌朝、マイケルは秘書にこんなメモを残しました。「勧めてくれてどうもありがとう。食事はよかったよ。本当に最高だった」と。この話を読んだ後、秘書がこのメモをどう解釈したと思うかを被験者に尋ねました。被験者の多くは、秘書はこのメモを皮肉だと解釈したと答えました。でも、上司が皮肉を言っていると秘書が考えるには、秘書は上司がひどい食事をしたことを知っていることが前提ですが、秘書がそのことを知るすべはありません（もちろん、その秘書の上司がボブ先生だったら、今までの経験から先生が皮肉を言っているのだろうとわかるかもしれません。でもこの本の読者のみなさんはそれを知りませんね）。その代わり、被験者は物語の中でどの人物がどういう情報を持っているかを推理しようとしなかったせいで、だれがどんな情報を持っていたかを記憶するファイルを別々に作るのが面倒だったのです。

人が知っているかどうかを知るのは何に役立つのでしょうか？

この章の初めにご紹介した、クッキーを盗み食いする例は、心の理論を持つと人をだますのに参考になることを示しています。犬は人がどうやって新しい情報を知るかに気づいていないし、だれが何を知っているかを実際に理論的に考えてもいないので、犬はとりわけ優れたウソつきではありません。でも、だからといって犬は賢くないというのではありません。アート先生が飼っている犬のうちの一匹は、先生が台所にいるときよりも台所から出て行ったときにカウンターに飛び付くことが多いのです。これは犬がアート先生の心について論理的に考えることができるからではありません。犬の認知力《ワンちりょく》はたぶんそれほど高度ではないでしょう。その代わり、先生が台所にいるときによりもいないときの方が、食べ物のごほうびにありつけることが多いのを学習しただけです。

さて、心の理論はウソをつくときのものだけではありません。実際に、コミュニケーションを成功させるには、参加しているそれぞれの人が共通して持っていると思われる知識とそれぞれが個々に持っている知識の両方を理解していることが必要です。アート先生とボブ先生が話しているとしましょう。二人は友だち同士で、二人とも心理学者なので、会話に多くの共通基盤を引き出すことができます。参加した会合についての話や、共通の友だちについての話ができます。ほとんどの心理学者なら当然知っていると思われる専門的知識についても話すことができます。

　でも、アート先生がすでに知っているとボブ先生もわかっていることをアート先生に言おうとすると、会話はもどかしくなってきます。一般に、人がだれかに何かを言うときは、その人がまだ知らないことを言うでしょう。話し相手がすでに知っていることをあえて言う理由はあるでしょうか？

　この本を書いているとき、読者のみなさんがどんな知識をこの本から得るかの見当を付ける必要がありました。この本で取り上げた概念の中には、ほとんどすべての読者が知っている共通の知識とみなせるものがあります。この章は犬の話で始めましたが、読者のみなさんが犬とは何かということ、犬がペットとして飼われていることがよくあるということを知っていると仮定しています（アート先生が犬を飼っていることは知らなかったとしても）。でも、私たち著者は一般に心理学の概念は読者にとって新しいものになるとみなして、このような概念については紙面を使って詳しく説明しています。

　人が考えていることをある程度知っていないと、人と効果的に交流するのは難しくなります。実際、多くの研究者は、自閉症の人たちに共通している性質の一つに誤った「心の理論」があるのではないかと考えています。他人が何を考えているのか、何を知っているのか、何を知らないのかをあまり理解できないと、社会的観点から見て精神がどれほど衰弱するか想像できるでしょう。

　その一方で、心の理論があるとウソをつけるようになります。未就学児を対象とした研究では、子どもに自分の考えと人の考えを区別する方法を教えると、すぐにその知識を上手に使ってウソをつくようになります。

　他人が知っていることと知らないことが理解できるようになるため、心の理論は人と効果的に交流する能力にたいへん重要です。そうなんです。心の理論が発展すると見事な手口で人をだます詐欺師を生み出すかもしれませんが、どんなに優れた道具でも乱用されるおそれはあるものです。

人となかよくなる能力と人をだます才能は表裏一体。

34　結局のところ、脳とは何のためにあるのでしょうか？

生命にとって脳はあまりに重要に思えるので、逆に脳が実際は何のためにあるのかという疑問を持つ人はほとんどいません。そんな疑問は逆に変に思えるんでしょう。質問しなければならないわけがありますか？

　脳がある方がないよりもずっとよいでしょう。でも、脳を作るには生物学的にたいへんな犠牲を払わなければならず、脳を働かせるためには大きなエネルギーが要ります。人間の脳は普通、体重の三パーセントほどの重さしかありませんが、身体の約二〇パーセントのエネルギーを消費し、それも二四時間年中無休で、寝ているときも働いています。ほとんどの種には大きな脳がなく、地球上のほとんどの生物（たとえば、単細胞生物、植物、菌類）には脳がまったくありません。

　では、進化のプレッシャーの中で、それほどエネルギーを使う脳を持つことに価値があると選択されたのはどういう経緯からでしょうか？　魚から爬虫類へ、爬虫類からげっ歯類へ、げっ歯類からサルへ、サルから私たちへと進化の一連の過程をシルエットで示す図を見た人はだれでも、進化するにつれてどんどん複雑になっていくものだと思い込んでしまうでしょう。でも、実はそういうわけではないのです。進化の過程は直線の形をしているのでも、ましてや樹木の形をしているのでもありません。それは多くの大枝や小枝がぎっしり詰まった茂みのようで、そのような枝の中には途中で終わっているものもたくさんあります。進化の基礎を形作っている何億何兆もの遺伝子変異のほとんどはその生物に何の影響も与えないか、その変異のせいで最終的にその生命体は死に絶えてしまいます。でも、たまに、そういった遺伝子変異が生存に有利な変化を生み出すことがあり、そうして生き残った生命体はその有利な変異を以降の世代へと渡すことができます。

最も初期の私たちの先祖である単細胞生物には脳に似たものがまったくありませんでした。そういう生物の振る舞いは自分の周りで起こっていることへの化学反応に支配されていました。単細胞の生命体がバイオフィルムのような構造として密に固まっていたり、個々の細胞が思いがけなく結び付いて多細胞の生命体が形成されたりしているうちは、他の細胞が検出できる分子をばらまくという化学コミュニケーションで十分に事足りました。でも、ある日、ある運のよい種が他の細胞に信号を伝える方法として電気を使うように進化しました。

化学信号は拡散の速さが遅く、水中ではでたらめな方向に拡散してしまいます（水は細胞の主要な媒体で、多くの初期の生命体は水に囲まれた環境に住んでいました）。一方、電気信号は伝達の速さが速く、化学信号よりも遠くまで届くので、このような信号を送る能力を得て、運のよい電気的な祖先はその恩恵にあずかったのです。その種が無数の世代を経て、こういった細胞の塊が最終的には「神経節」と呼ばれる塊になり、電気を使って信号をやりとりするその塊（神経細胞）が、情報を渡すだけではなく経験の結果その塊を変える（起こったことを記憶する、つまり学習する）能力を進化させました。こうして、それは、細胞にイオンが出入りできるように門を開いたり閉じたりする能力です。こうして、幸いにも人間の頭蓋骨の中に入れて持ち運べる、一五〇〇グラムほどのヌメヌメしたものの進化が始まったのです。

さて、学習する能力はなぜそんなに重要なのでしょうか？　脳が過去の情報を保存できるようになるとすぐに、生命体は経験に基づいて未来の状況への反応を変えることができるようになりました。生命体は将来何が起こるかを予測することができるようになったのです。そして、予測できない生物よりも生存する確率において有利になりました。

暗闇をさまよっていて、どこにいるのか、周りに何があるのか、周りにある得体の知れないものが自分に何をするのかわからないと、攻撃をたいへん受けやすい状態になります。こういう状態をちょっと考えてみてください。肉食動物に不意に捕まるかもしれません（そして、死にます）、食べ物を得る機会を失うかもしれません（そして、死にます）、競争相手がすてきな恋人候補を全部さらって行ってしまうかもしれません（あーぁ）。そして、進化の茂みの短い小枝の端となって生命を終えてしまいます。でも、何が起こるのかを予測できれば、この世界を生き抜いて行くのが少しだけやさしくなります。逃げている獲物が走るときにどの方向へ曲がるか予想できれば、捕まえるチャンスも増えます。逆に、肉食動物は入れないが自分なら入れそうだと思う穴の大きさを判断できれば、逃げ切れる可能性が高くなります。脳は、この予測と反応の能力を環境に応じて大規模に実行できます。

世界を動き回っているとき、脳はすでに記憶に保存されていることに基づいて絶えず予測します。たいていの場合、こういった予測はかなり合っています。コップをつかむ、車のエンジンのキーを回す、友だちに向かって微笑む、新しく知り合った人と握手するために手を伸ばす、といった行動はみな、脳が次に何が起こるかを予測するからできることです。このような経験で実際に起こることは、将来の予測がより確実になるように記憶を更新する可能性を持っています。新しいフライパンを使って料理をしていて、金属の柄を最初につかんだときに前に使っていたフライパンよりも熱がよく伝わっていると実感したら、柄が熱いことと一瞬に痛みを感じたことで、フライパンの柄を持つことについての記憶が更新されます。このように小さな予測の間違いと修正をしていくと、生存の可能性をより高める重要な変化が脳に起こります。結局のところ、大きなエネルギーを消費する脳は持つ価値があります。脳は人生を自分の思うように動かしやすくし、脳を持たない生命体よりも努力が実ることをより多くし、次に何が起こるかまったくわからない人生の浮き沈みに対する反応を脳に任せられます。

やっちまった！（でも、また一つ利口になった。）

35 モーツァルトの曲を聴くと頭がよくなるのでしょうか？

まったく努力の必要なく頭がよくなったらすばらしいでしょう。もし大音量の『アイネ・クライネ・ナハトムジーク』を聴くだけで、一音ごとに知能指数がみるみる上がっていったらどうでしょうか。そうですね、音楽を聴くとそうなったらいいですね。でも、よく言われている通り、「話がうますぎて信じられないのなら、おそらく本当にうますぎるのだ」。これは音楽と知性の関係にもあてはまります。

では、実際はそうではないのに、「モーツァルトを聴くと頭がよくなる」という主張はどのようにして受け入れられるようになったのでしょうか？　うーん、世界で最も高名な科学誌は二、三ありますが、その中の一つである『ネイチャー』という学術誌にこの主張が掲載されたことが始まりです。一九九〇年代初め、一部の心理学者が次のような研究の結果を発表しました。まず、心理学の研究でたいへんおなじみの被験者、つまり大学生の小さなグループが「空間認識」についてのテストを受けました。学生の三分の一にはテストを受ける前にモーツァルトを一〇分間聴かせ、別の三分の一にはリ・ラ・ッ・ク・ス・で・き・る・テ・ー・プ・を同じく一〇分間聴かせました。そして、残りの三分の一には何も聴かせず一〇分間座ったままにさせました。さて、結果は――ジャジャーン！　空間認識テストで、リラックスできるテープを聴かせた学生と何も聴かせなかった学生の成績はほとんど同じでしたが、モーツァルトを聴かせた学生は他のグループの学生より成績が少しよかったのです。研究の執筆者は、モーツァルトの楽曲の構造が何らかの形で脳を活性化し、よい成績につながったと示唆しました。これをメディアが大げさに取り上げたというわけです。

突然、モーツァルト効果があちこちで話題になりました。ジョージア州の知事が一九九八年に州の予算から一〇万ドルを充てて、新しい母親が産科病棟を退院するときに、家で新生児に聴かせるようにモーツァルトの音楽を配布しました。新しい業界がにわかに活気づき、モーツァルトをちょっと聴くだけでたいへんな効果があると主張しました。今では『モーツァルトで脳力アップ』、『心のモーツァルト』、『あなたの心にモーツァルト：脳の力を強化』、『モーツァルト効果：赤ちゃんのための音楽――命の始まりを輝かしく』といったタイトルのCDを買うことができます。まだまだいろいろありますが、もうおわかりでしょう。

もちろん、前にお話しした実験では、モーツァルトを聴くことをリラックスやただ黙って座っていることを比べていて、この三つの条件には多くの違いがあります。無音やリラックスと比べているのは、音、音楽、ピアノ音楽、クラシックのピアノ音楽、モーツァルトのクラシックのピアノ音楽、モーツァルトの特定のピアノ・ソナタ（ピアノ協奏曲第23番イ長調 K. 488）とさまざまな条件です。そして、論文の執筆者は最後の、いちばん具体的な解釈を選んでいます。

この記事の発表後まもなく、他の心理学者が自分たちの研究室でこの想定された効果をテストし始めました。その中には、多くのさまざまな種類の音楽を聴いても似たような効果があることがわかりました。たとえば、（ギリシャのシンセサイザー奏者）ヤニーの音楽でもそうでした。「ヤニー効果」としてブームが起こると思うだけでゾッとします。ある研究グループは、テストの前に学生にコンピューターのカラフルなスクリーン・セーバー画面を凝視させて、似たような結果を得ました。モーツァルト効果が人間以外にも見られる最も劇的な主張では、（まだお腹の中にいるときから）モーツァルトを聴かせて育てたラットは、ホワイト・ノイズ（白色雑音）や（パターン化された音形の反復が特徴の）フィリップ・グラスのミニマル・ミュージックを聴かせたあまり運のよくないラットよりも迷路の課題をより速く解決したというのです。

ちょっとあきれた話ですが、（1）ラットは子宮内では耳が聞こえない、（2）ラットは耳が聞こえないまま生まれてくる、（3）ラットの聴覚系は育てているときに聴かせたモーツァルトの楽曲のほとんどの音を知覚できない、ということが後に指摘されました。うーーーん。これではモーツァルト効果も台無しです。

では、実際、こういった実験結果をどう考えればよいのでしょうか？　一般的には、実際には覚醒と喜びによって知的能力が高くなると解釈されています。想定されたモーツァルト効果をテストする多くの実験では、音楽であっても、すばらしい物語であっても、また自然界の音であっても、何らかの刺激を被験者が楽しいと感じれば感じるほど、成績にプラスに影響するという結果が出ています。実際、肯定的な気持ちになると創造的になり、さまざまなテストで成績がよくなるという証拠がたくさんあります。

著者である私たちがこのことについて書こうと決めたわけは、音楽を聴くことで「頭がよくなる」という可能性についてだけでなく、科学が進化する過程についての教訓を与えているからです。もちろん、実験を行う学者はみんな、世界の物事についての説明を見つけるのが好きですが、好きであるがゆえに、時には自分が間違っていた場合、反論できない証拠を前にしてもなお自分の説明に固執してしまいます。結局、私たちは人間ですから、人間なのだから避けられない、非合理的なことをいろいろとする傾向にあります。これはおそらくモーツァルト効果の場合に特にあてはまるでしょう。というのは、全米楽器商協会はいうまでもなく、多くのメディアが多額を投資して、音楽を聴くことの知性への効果を大げさに宣伝してきたからです。アプトン・シンクレアの名言にあるように、「ある事実を理解しないことによって給与を得ている場合、その事実を理解させるのは難しい」のです。

モーツァルト効果の流行は、努力なしに肯定的な結果が得られるアイディアが科学的信頼性というツヤを勝ち取ったときに起こることを象徴しています。ある種の音楽を聴くだけで、自分の頭がよくなるし、子どもたちを賢くすることができる、ですって？　やってみないわけはないでしょう？　おまけに、あきれたことに『ネイチャー』にモーツァルト効果の記事が掲載されるなんて。（チョコレートを食べても痩せられるとか、赤ワインを飲めば長生きするとかが発見されるたびに同じような流行が生まれます。）

科学のおかげで、人間が甘い考えばかり持ってしまわないようになっています。よい科学的思考は証拠の規則を定義し、実験を行う前に何が証拠として認められるかを明らかにします。この強力な規則群（科学的手法）こそが、現在の人類の持つ知識のうち、直感的ではないことがらについて理解することに寄与したのです。人間の視点から見ると、人間は回転する球体の表面上に立っていて、その球体は宇宙空間を時速約一〇八、〇〇〇キロメートルという猛スピードで動いていることの兆候などありません。地球上にあるのに、うちの裏庭は極めて静かにみえます。人間の体内や表面にある細胞の半分以上が人間の細胞ではなく、バクテリアやその他の微生物であるという事実の証拠を見ることはできません。うわっ、でも知ってしまうと気味悪いですね。

科学をあざ笑う人はモーツァルトの流行の発端は科学そのものなのだと主張するでしょう。その始まりは世界で最も有名な学術誌の一つに掲載された論文なのですからごもっともです。でも、ある仮説の信頼性を検証するために実験で再現することを執拗に要求して、当初は誤って解釈された世界の仕組みを最終的に修正するのもやはり科学だったのです。

この話題を終える前に、曲を作ることを学ぶのはまったく別の事態であるということに注目するのは重要です。歌や楽器の演奏を学ぶことにはいくつもの恩恵があります。曲を作ることは、他のどんな活動よりも脳を多く使います。知覚系統、運動系統、感情系統、動機付け系統を協調して活動させるのが曲を作ることに関係し、さらにたいへんな満足感を与えるという利点があります。

アート先生はもう何年も、サックスを演奏できるようになりたいとだれにも言わずに密かに思っていましたが、人生の終わりに最愛の人たちをベッドの周りに呼び出して「サックスを吹けるようになりたかったんだ」とささやくまで待てず、実際にサックスの演奏を学びに行きました。実に、先生は今もレッスンを受けながら、二つのバンドで演奏しています。

アート先生は自分の思考を改善しようとして楽器を習ったのではありません（楽器を習っても思考には害はないですが）。それより、音楽が好きで、曲を積極的に作りたかったのです。興味深いことに、音楽を演奏すると確かに頭がよくなります。ただし、頭がよくなるというのを、曲を作るのにかかわる思考、行動、感情の多くの面をよりうまく協調させるという意味に解釈すれば、です。たとえ頭がよくならなくても、楽器を習えば楽器を演奏できるようになるんですから、それでよいのではないでしょうか。楽器を演奏できるのってカッコいいですよね。それに演奏は楽しいですし。

モーツァルト効果のような考えは、それに伴うＣＤやがらくたとともに、「呪術思考」として分類されます。他の章でも書いたように、脳を改善するには努力と注意が必要です。音楽を聴くのは楽しいですが、曲を作るのはまた別の楽しみで、脳を発達させるというおまけの恩恵があります。

脳トレゲームよりも、曲を作ることを学ぼう。

36　他の人はなぜ怠け者なのでしょうか？

私たち二人はたくさんのミュージシャンと一緒に遊んだりすることがあり、ここ何年かは二人ともバンドに入っています。それにしても、すばらしいバンドが解散するのは驚きです。ある時には、ミュージシャンたちは協力してすごい音楽を作り出しますが、次の時には、メンバーが物を投げつけ合って猛烈に口ゲンカをし、こんなバンド組むんじゃなかったとまで言い放ちます。

バンドを解散に追い込む要因はたくさんあります。たとえば、ツアー中に大勢の他人と生活をともにするのは決してやさしいことではありません。バスなどで長時間移動していると、人はつい最悪のところをさらけ出してしまうでしょう。メンバーに家族がいて、みんながそれぞれに自分の部屋があるのに、他人と生活するのは難しいのです。

でも、バンドを解散させるいちばん大きな要因は「貢献度分配問題」です。

バンドのメンバー（とマネージャー、アルバムのプロデューサーなど）はみんな、バンドの成功に何らかの役割を担っています。

バンドに心理学者が一人（あるいは二人）いて、バンドの一人ひとりにへばり付いて、バンドの成功のうちどれほどの割合が他の人と努力と別に考えられるその人だけの努力によるものかを評価するとしましょう。さて、何が起こるでしょうか？

バンドの全員がバンドの成功への貢献度をかなりうまく調整できていれば、全員の評点を足すと一〇〇パーセントになります。一方、バンドのメンバーが他のメンバー全員の貢献度に注目していたら、バンドの成功への自分自身の影響を低く見積もって、評点の合計は一〇〇パーセント未満になるでしょう。

でも現実には、ほとんど全員が自分の貢献度を高く見積もって評点の合計は一〇〇パーセントよりずっと、ずっと、ずっと大きくなります。

これは、（ほとんど）みんなが「自己中心性バイアス」を持っているということです。つまり、人は他人の行動より自分自身の行動によりよく注目するので、グループの努力よりも自分の貢献度を高めに見積もってしまいます。


では、この自己中心性バイアスはどこから来るのでしょうか？　いくつかのことが重なって、他の人がやった仕事よりも自分の努力に事細かく着目することになります。

こういった行動が生まれる要因の一部はまさに記憶の機能なのです。バンドのメンバーなら、バンドの成功に役立った自分の行動をいくつも思い出せます。たとえば、他のメンバーが帰ったあと遅くまで残ってスタジオの片づけをしたこと、新曲のリフ（短い小節の繰り返し）を仕上げるのに何時間もかけたこと、バンドが選んだ新曲につながるインスピレーションが浮かんだ瞬間などです。

もちろん、他の人の努力も直接見ていますが、実際には全部見ていたのではありません。周りの人たちの努力の多くは目につかないのです。ですから、努力を評価するときになって他の人の仕事について考え始めると、他の人の仕事よりも自分の仕事の方がより目立ってしまうのは当然です。

さらに、「解釈レベル効果」も入ってきます。これは、ある対象から心理的に離れていればいるほど、それをより抽象的に考えることです。人は自分自身にいちばん近いので、自分の行動はたいへん具体的に考えます。自分の行動の事細かいところまで考えますが、他人の行動はより抽象的に考えます。

曲を書くとき、自分の具体的な行動に集中します。たとえば、特定のリフを何度も何度も書き直す、コード進行を仕上げる、間奏を付け加える、歌詞に取り組む、といった過程があります。このような具体的な行動には努力を要します。でも、バンド仲間が曲を書くとき、同じように曲を作る過程なのに、上のような具体的な行動についてはあまり注目せずに考えます。

動機付けもグループへの貢献度を評価するのに影響があります。具体的には、他人の持ち物より自分の持ち物を好む傾向があります。「授かり効果」と呼ばれているこの現象は、物についていいますが、行動についても当てはまります。

例を挙げると、何年か前アート先生は新しい家に引っ越しました。引っ越す前にガレージ・セールをやりました。これは家に溜まったガラクタを売り払うための昔からのやり方です。ガレージ・セールの準備中、商品をガレージの中やガレージ前の短い道に並べて、値段を付け始めました。上品なスーツは二五ドルで売れればいいな、古いテープやCDは五〇セントか一ドルだな、パン焼き機はほとんど使ってないから少なくとも一〇ドルの価値はあるだろう、といったぐあいに。

当日、ガレージ・セール好きが家にぼつぼつやってきました。アート先生が品物にどんな値段を付けていても、買い手はその値段よりはるかに安くしてくれないかと尋ねてきます。まあ、ある程度は値引きしようと思っていたものの、付いている値段以下にはしないと先生が言うと、立ち去ってしまう人が多いことがわかって驚きました。売り初めのころに来た人はかなりの掘り出し物を期待しているとわかったので、しばらく経ってから来る人を待つことにしました。

その日は一日中お客さんが絶え間なく来ていましたが、だれも品物に付いていた値段では買おうとしないようでした。結局、先生は品物を捨て値で売りさばくはめになってしまいました。ミキサーは数ドルでしか売れず、スーツは五ドルでしたが、シャツ数枚とネクタイをおまけに付けました。

　こんなことになるのは、ガレージ・セールに行く人が掘り出し物を探しているからだけではありません。自分の持ち物の価値は、他の人がそれに対して付ける価値より高くなります。というのは、個人の持ち物には歴史があるからです。それに、さらに重要なことには、それは自分の物だからです。自分の持ち物になると、その途端に愛着が湧いて価値が高まるのです。

　同じことが行動にも起こります。話をバンドに戻すと、自分が貢献した歌には特別の愛着があります。それで、バンドのために自分が取った行動を重視します。バンド仲間の仕事よりも自分の仕事の方がよく覚えているだけでなく、自分の仕事に対する価値も高く感じます。


　こういったことは、やったことを褒めてもらおう、感謝してもらおうとする人がいる状況で問題になります。褒めることには必ずしも金銭的なものだけが含まれるわけではありません（でもバンドによってはお金が絡むこともあるでしょう）。その代わり、自分の努力を他人に認めてほしいのです。

　他人の努力を認めるのに少しばかり時間をかけると、社会的交流がたいへん滑らかになることがわかります。だれでも自分が属している相互関係や組織にできるだけ貢献したいと思っていることを覚えておくと人間関係を考えるのに役立ちます。グループが確実にうまく機能するように最善を尽くそうとしているのは自分だけではなく、グループの他のメンバーも同じなのです。

　仕事量が公平でなく自分は仕事しすぎているのではないかと感じ始めたら、まず他の人の仕事ぶりを理解するようにして、その仕事が貢献していることに感謝しましょう。他の人の仕事に対してこのように感謝を表すと、他の人が努力していることを自分にも再認識させるよい方法になります。

ボブ先生は自己中心性バイアスの影響を弱めるのが得意です。他の人の仕事にいつも感謝し、グループのメンバーの仕事をみんなに再認識させます。これは、先生がたいてい幸せを感じている理由の重要な一部です。人に感謝することで、先生は他人が自分にしてくれることを実際に再認識しています。それに、そういうふうに再認識するのは心地よいのです。

怒らないで。感謝して。

37　妄想はよいことなのでしょうか？

「妄想」というのはまったく肯定的な言葉ではありません。アート先生は、高校のクラスメートが互いに「お前、妄想してるのか？」と叫んで、とんでもない的外れの意見を諭すのをいまだに思い出すことができます。妄想している人は、現実とは完全に食い違ったことを信じています。

さて、この本をここまでお読みになっていれば、人間の脳が自分をとりまく世界をいつも正確に判断していると自信を持って言えないと感じていることでしょう。過去の記憶は再構成されるので、特定の記憶が以前の出来事を正確に詳しく反映しているとの確信が持てないでしょう。外界についての信念は必ずしもいつも理路整然としているわけではないので、長期記憶に保存された情報のかけらはおそらく矛盾だらけです。

とはいえ、視覚系は物体の個別の見え方に時々ごまかされはしますが、周りの世界を再構成するのに多くのさまざまな情報を使うので、自然な状況では見えていることを完全に誤解することはほとんどありません。優れた芸術家は人をなるほどと思わせる錯覚を作ることがありますが、自然はそういう錯覚を作ることがありません。

それは当然ですね。見えていることを誤解することが多いと危険でしょう。危険な状況から逃げそこなう可能性があります。実際にはない表面へ足を踏み出してしまうかもしれません。周りの状況についての情報をうまく得られなかったら、外界の物体の位置を確認したり、物体に働きかけたりするのが難しくなるでしょう。ですから、進化は視覚の速度と正確さを最大限にすることを重視してきました。その結果、外界が事実上ありのままに見えるのです。

外界とそれを概念化する能力には類似点があるようです。たとえば、実際には持ち上げることができない物を持ち上げられると思ったとしましょう。びくともしない物を持ち上げようとして時間や力を無駄にするでしょう。職場で自分の技能を過大評価すると、処理できない仕事を引き受けてしまい、失敗してクビになる可能性もあります。

実のところ、人が現実を知覚するのに体系的に偏りがあるという証拠がたくさんあります。つまり、多くの人は妄想の影響を受けやすいのです。

共通の妄想のたいへんよい例の一つに「レイク・ウォビゴン効果」と呼ばれる現象があります。これはNPR（米公共ラジオ局）で放送されているギャリソン・キーラーの長寿ラジオ番組で取り上げられた架空の村の名前にちなんでいます。キーラーはレイク・ウォビゴンの住人を「女性はみな強く、男性はみなハンサムで、子どもたちはみな平均以上」と描写しました。

レイク・ウォビゴン効果とは、人はほとんどの仕事で自分の技能を全人口に比べて過大評価するという見解です。つまり、特定の技能について他の人と比べて自分の技能はどれほどかと尋ねて、その答えを平均するとこの値は五〇パーセントを超えることがわかります。言い換えると、概して、人は自分を平均より上と考えます。

レイク・ウォビゴン効果は、失敗についての章（第一二章）で説明した、デイヴィッド・ダニングとジャスティン・クルーガーの研究結果に関連しています。その研究は、ある課題の成績が最も悪い人は自分の能力の調整が最も下手だということを示唆しています。成績が悪い人は何かが下手なことはわかっていますが、どれほど下手なのかをよく理解していないのです。その一方で、優れた成績の人は自分の成績について調整がたいへん上手なことが多く、これは成績を向上させるために自分の誤りに注目する必要があるからです。

ここで大きな疑問があります。レイク・ウォビゴン効果はなぜ存在するのでしょうか？　ある課題についての自分の能力を実際よりもよいと思うのに好都合な点はあるのでしょうか？

レイク・ウォビゴン効果の潜在的な利点を理解するためには、もう一つの調整ミスを考えることが大切です。それは、よい結果が出るだろうと自信過剰になることです。たとえば、起業家がビジネスを始めるとき、成功の見込みを過大評価します。学生は試験でいい成績を取る可能性をよく過大評価します。レイク・ウォビゴン効果だけでなくこの種の自信過剰も、動機付けられた推論の結果の一部です。つまり、人は自分の都合のよいように世界を見るという一般的な傾向があるのです。何でも結局はうまく行くものだと信じれば不安が和らぎ、生きていくにも気が楽になり、結果が希望する方向へ行くだろうと考えが偏ります。

ただし、間違って調整された考えと動機付けの間のいちばん重要な関係は実際には逆の方向へ行きます。それは、自分の考えを使って成功への動機付けに役立てることです。

動機付けの理論は、ある課題に本当に関わるには、達成したい目標に価値があると信じなければならないことに注目しています。また、目標を達成するにはたいへんな努力が必要なこと、目標は努力すれば達成できることを信じていなければなりません。

たとえば、三〇秒間呼吸をしただけで一、〇〇〇ドルあげるよと言われたら、そんな大金がもらえるのかと興奮するでしょう。でも、呼吸は自然にやっていることなのでおそらく呼吸するのにそれほどの努力はしないでしょう。一方、ニューヨークの街中で突然呼び止められて、歩道からあの高層ビルのてっぺんまで飛んで行けたら一、〇〇〇ドルあげるよと言われたら、そんなことは不可能だと明らかにわかるのでやろうともしないでしょう。

しかし、自然にできることと到底できないことの中間に、努力すればできることがあるのです。少しの妄想はよい結果をもたらします。たとえば、ボブ先生は音楽の演奏を学ぶために大学に行きました。でも、ミュージシャンとして生計を立てていくのは難しく、知り合いのミュージシャンのほとんどは別の仕事をして家計をやりくりしています。でも、音楽の学位を追求すると決断すれば、他の人たちとは違う状況になると信じることが必要です。その目的に向かって、成功すると自身過剰になるのは役に立ちます。

ボブ先生は結局、先生になるために学校に戻ることにして、最終的には博士号を取り、研究し、大学レベルで教えています。こういった選択にも多少の自信過剰が必要です。大学の教員としての働き口は少なく、毎年博士号を取る人の数は大学の働き口よりはるかに多いのです。大学で教えたいと強く望んでいる、将来性のある博士課程の学生が自分の目標を達成する可能性についてもしも現実的だったら、博士課程に進もうとは決して思わないでしょう。

ですから、人は目標に向かって努力する動機付けをするように世界の感じ方に偏りを持ちます。目標が達成可能だと思えるようにするために、成功の可能性を過大評価します。また、自分には技能があって努力すれば成功するのだという信念を強くするために、自分の能力を過大評価します。こういった場合は妄想が十分有効に利用された例です。

実際、間違って調整された考えのこのような組み合わせは、努力すれば自己達成できるのだという予言につながります。目標に向かって努力することで技能が向上し、実際に目標を達成する可能性も高まります。これは、自分と外界との関係を正確に評価した場合よりも自分の考えをうまく調整しない方が、成功の可能性がより高くなるということを意味します。正確に評価していたら、選んだ道に踏み出さなかった可能性が十分あるでしょう。

自分の信念を使って動機付けを操るための方法は、自信過剰以外にもあります。おそらく「防衛的悲観主義」も関係しています。つまり、試験や職場の課題、プレゼンテーションがうまく行かないと想定することです。

防衛的悲観主義を感じていると、実際よりもっとうまく行かないだろうと、一般的に仮定します。うまく行かないだろうと思うと不安になります。不安を和らげるために動機付けが働いて、準備に努力するようになります。努力すると一般に成績が向上します。

最適な結果を出すためにいちばんよい方法は、自分の現在位置と望ましい目標の位置との間の理想的なギャップを見つけることです。ギャップが小さすぎるなら、努力して広げる必要があります。防衛的悲観主義があると、目標から現在位置までが実際より離れていると感じ、そう感じると動機が高まります。ただし、どうせ失敗するからと思って目標を放棄したり、行動を辞めてしまってはいけません。

ただし、現在位置と目指す位置とのギャップが大きすぎるならば、能力と成功の可能性に自信過剰を使って、目標までに必要な距離感を近くできるでしょう。

成功するには、（自分の現在位置と目標の位置との間の）すき間に注意。

38　犬のことを「犬」と呼ぶのはなぜでしょうか?

道に出て、周りを見回してみましょう。見たものを説明してくださいと尋ねられれば、おそらく車、人、犬が一匹二匹、自転車、家、店に注目するでしょう。こんなのは全然驚くようなことではないですね。

でも、この風景を説明するときに使っている言葉についてちょっと考えてみてください。特定の物体を車として認識しましたね。なぜ「車」という言葉を使ったのでしょうか?「乗り物」とか、たぶん「二〇一二年型のフォード・フォーカス」と言うこともできました。でも、いろいろと選べただろう他の言葉ではなく、「車」、「家」、「自転車」などを選んだのはなぜでしょうか?

何かを分類するときはいつでも、いろいろなレベルで特化しているうち、いちばん適切なレベルで物事をまとめる分類を選べます。たとえば、あるものを「動物」と呼ぶと、それを地球上の多数の生物とひとくくりにして扱っています。でも、それを「犬」と呼ぶと、四足歩行で毛がふさふさした吠える生物の特定のまとまりの一つとして認めています。さらに具体的になると、それを「プードル」または「スタンダード・プードル」と呼ぶと、さらに細かく分類していることになります。「隣の家のスタンダード・プードル、グイド」について話すと、特定の（かなりかわいい）一匹の犬のことまで絞り込んでいます。

心理学者は、人が物事について話したり考えたりするときは、特化が中間レベルの語がいちばんよく使われるということをずっと前から認めていました。これが重要なことを認識するのに、特化のこの中間レベルは「基本レベル」と呼ばれます。ですから、「犬」や「猫」は基本レベル範疇に入ります。（「動物」や「乗り物」といった）より一般的な範疇は「上位レベル」範疇と呼ばれ、（「コリー」や「シボレー・カマロ」といった）より具体的な範疇は「下位レベル」範疇と呼ばれます。

多くの研究が、基本レベル範疇は他の範疇に比べて動物の行動に関する利点があることを示しています。子どもは他のラベルよりも基本レベルの名前を学ぶ傾向にあり、大人は普通、基本レベルの語を使って物事を指定します。基本レベルの名前は通常、その事物の他のレベルの語より短いのです。多くの上位レベル範疇と下位レベル範疇のラベルは、「建設機器」や「スタンダード・プードル」のように長い語になります。

基本レベル範疇は重要なので、そのレベルがいちばんよく使われるのはなぜかという研究もなされています。ここでは二つの要因が働いています。その一つは情報に関するものです。話したり聴いたりするには努力が必要です。話し手は、外界の物事を説明するのに使う語を選ばなければなりません。一方、聞き手は話し手が使っている語を聞き取って、その語が何を指しているか見当を付ける必要があります。結局、話し手と聞き手の両方の努力を同時に最小にすることはできないことになります。

話し手にとって、外界の物事がすべて同じラベルを与えられていればいちばん楽です。たとえば、すべての物事が「モノ」と呼ばれていたとしましょう。そうだとすると、話し手は「モノのそばのモノの上にモノを置いてください」と言えば事足ります。簡単ですね。

残念ながら、上のように大まかな意味の語だけを使った文では、その意味を解読するのがほとんど不可能です。逆に、聞き手にとって簡単にするには、話し手はたいへん具体的な言語を使います。たとえば、「カットグラスのデカンターのそばのマホガニーの食卓の上に銀のパン用ナイフを置いてください」と言えば、聞き手の努力は最小限になりますが、話し手は文を作るのにたいへんな努力が必要になるでしょう。

基本レベルは話し手と聞き手の両方に会話中に中程度の努力をするように要求する妥協点です。多くの研究は、基本レベルはそのような努力を最小にするのに役立つ、最適なレベルだということが示しています。これは、脳が会話中の共同努力を最小にしようとする多くの状況の一例にすぎません。

エレノア・ロッシュらは基本レベルのラベルが付いた物に多くの興味深い属性を見つけています。基本レベル範疇はそれに属する物体のほとんどが同じ形を持っているという点でいちばん抽象的です。ですから、すべての犬は比較的似た姿をしていて、その姿には猫、ヤギ、ヒツジなど対照的な範疇との違いがあります。また、ネジ回しはどれも比較的似た形をしていて、金づちやノコギリなど対照的な範疇との違いがあります。

基本レベル範疇はまた、その範疇に属する物体に似たような部分があるという点でいちばん抽象的な範疇です。椅子にはたいてい脚、背もたれ、座面、肘掛けがあります。テーブルなど他の種類の家具にも似たような属性（たとえば脚）がありますが、それ以外の属性（座面や肘掛けなど）はありません。同様に、犬には足、突き出た鼻、耳、しっぽがあります。他の基本レベル範疇の動物（たとえば猫、魚、鳥など）もいくつかの属性を共有していますが、全部は共有していません。

また、人工物を表現する範疇について、基本レベル範疇は物体が共有する機能でいちばん抽象的なレベルです。ネジ回しはネジを取り付けるのに使いますが、違った種類のネジには違った種類のネジ回しを使います。また、ノコギリは素材を切るのに使いますが、違った種類の素材を切ったり、違った正確さで切ったりするには違った種類のノコギリを使います。さらに、金づちは留め具を素材に叩き込むのに使いますが、違った種類の留め具には違った種類の金づちを使います。

生物の範疇については、基本レベル範疇は似たような行動特性を持つ傾向があります。たとえば、品種にかかわらず犬は吠え、猫はニャーと鳴き、牛はモーと鳴きます。

基本レベルは会話のために話し手と聞き手が行う必要がある努力量の結果なので、場合によって実際に使うラベルはいくつかの要因に従います。たとえば、話し手が何について話しているかが明らかな場合は、より広い範疇のラベルが使われます。テーブルの上に物が一つしかないならば、話し手は「テーブルの上にあるモノを取ってください」と言えばいいのです。というのは、それだけで聞き手には話し手が何を意味しているかわかるからです。同じ範疇からの多くのいろいろな物があるならば、話し手はより特化したラベルを選ぶ場合がよくあります。動物保護施設では「あの犬を見てください」というだけでは十分ではありません。代わりに、品種名を言うか、たぶんその犬の色や大きさを表す他の語を使うでしょう。

専門家は、特に専門家と話すときにはより特化した範疇を使うことが多いのです。たとえば、犬の専門家にとって犬の品種は明らかな属性なので、品種というより特化した範疇を使うと楽です。専門家はまた、特化した範疇に属する事物を簡単に識別できるので、特化した範疇は専門家同士で使うには最適なものになります。

会話では基本レベル範疇の語を聞くと予想しているため、他のレベルの範疇の語を使って、範疇のラベルを超えたことを伝えることもできます。つまり、話し手が使うだろうと聞き手が期待しているラベルと話し手が実際に使うラベルとの対照を利用して、興味あることを伝えたり強調したりできます。

アート先生は愛犬家ですが、母親は本当に犬が怖いのです。アート先生が犬を連れて部屋に入ると、母親は「その『動物』をここから出してよ」と言うでしょう。普通なら、こんな状況には「犬」という語を使うと予想しますね。「動物」と言うことで、先生の母親は「犬」という語が暗に示す忠実で人なつっこいイメージに対して、「動物」という語の獣のような粗野な面を強調しているのです。そうすることで、範疇のラベルをふざけたように使って、先生の犬が嫌いだということをはっきりと伝えています。

同様に、必要以上に特化したラベルを使うことでも話し手に関する何かを伝えられます。ボブ先生は時々、排他的なワイン通の集まりに出ることがあります。テーブルに着いているのが普通の人のグループなら、ワインを注いでくださいと頼むでしょう。(選べる状況なら、おそらく赤か白かぐらいは指定するでしょう。)でも、ワイン通はより特化したラベル、たとえば(エヘンと咳払いして)「二〇一二年もののコート・デュ・ローヌ」という語を確実に使います。

物に対してたくさんのいろいろなラベルがあるのになぜ価値があるかがもうおわかりになりましたね。物をいろいろな特化のレベルでまとめることができるのは便利です。また、物に機能を指定する語があるのも役に立ちます。たとえば、多くの犬は「ペット」でもありますが、「ペット」とは犬と飼い主の関係を強調した語です。物事について話す方法が多ければ多いほど、効果的に伝えるためにより大きな努力が要ります。そんなわけで、話すときにラベルを選ぶための明快な策略があるのがよいのです。

だから犬のことを「犬」と呼ぶのです。

哺乳類のメスのペルシャ猫の手も借りたい。

39　だれもが子猫の動画を大好きなのはなぜでしょうか？

インターネットには小動物（特に犬や猫）がかわいいしぐさをしている動画が驚くほど（おそらく恐ろしいほど）たくさんあります。研究という名目で、アート先生は最近、一時間ほどYouTubeでそういった動画を見ました。その時、先生が見た動画は、休んでいる子猫、犬と遊んでいる子猫、赤ちゃんの上を這っている子犬、レーザー・ポインターの赤い光を追いかける子猫、ソファに飛び付こうとしている（そして落っこちる）猫、キューキューと音がするボールで遊んでいる子犬などでした。一時間ほど経ってから、ボブ先生はアート先生を無理やりコンピューターの前から引き離し、アート先生がかわいい動画にそれ以上はのめり込まないようにしなければなりませんでした。

子猫の動画に一見して際限なく魅かれてしまうのはいったいなぜでしょうか？

人類が子猫の動画を見るのを楽しいと思うのは、何をかわいいと感じるかが進化的にあらかじめ決められていることが始まりです。男性でも女性でも（よほど冷酷な人でなければ）人間の赤ちゃんをかわいいと思いますね。特にかわいい赤ちゃんは頭が大きいわりに顔立ちが小さい傾向にあります。顔がこのような構造だと、赤ちゃんの額が大きくなります。また、かわいい赤ちゃんは目が大きいものです。

赤ちゃんのかわいさは、赤ちゃんを見る大人や他の子どもに好感を生み出します。この好感が必要なわけは、赤ちゃんというのは大人にとってしょっちゅうそばにいられては面倒な存在だからです。（これは、赤ちゃんと長い時間を過ごした人なら確言できるでしょう。）赤ちゃんは何につけても世話が必要です。食べさせたり、お風呂に入れたり、おんぶやだっこしたりしなければなりません。寝ていないときはよく泣いています。夜中に起きて、ミルクを飲みたがったり、おむつを替えてほしがったりします。でなければ、なんの理由もなく起きることもあります。

赤ちゃんのこういった要求が大人の世話人にとって価値があるように思わせるには、正のフィードバックを大人に対して示すことが必要です。赤ちゃんが十分成長して大人と関わってニコニコしたり笑ったりする前、大人はみんな赤ちゃんのかわいさが好みなのです。それに、驚くにあたりませんが、大人は赤ちゃんの顔立ちに好感を持って反応するという生まれつきの傾向があります。

結局のところ、未熟な人間の顔立ちは子猫や子犬などの成長途中の動物の顔立ちに似ています。動物の赤ちゃんもまた、顔立ちが小さく目が大きいので、一般に赤ちゃんと同じような反応を子猫や子犬にもします。子猫や子犬を見ていると「ほっこりする心地よさ」がすぐに湧いてきます。

子猫や子犬には、見るのが楽しくなる、また別の特徴があります。身体の動きがうまく調整されていないのです。よちよち歩いたり転んだりして、見る人を笑わせ、見るのがますます楽しくなります。

インターネットはかわいさが凝縮された動画を私たちに届けるのに理想的な手段です。一例を挙げると、インターネットの動画はいつでも好きなときに簡単に見ることができます。その一方で、家にいてアイスクリームを食べたいと思ったら、まずアイスクリームを買って冷凍庫に入れてあるかを確認しなければなりません。そして、その時に座っている場所から冷凍庫まで歩いていかなければなりません。その後、アイスクリームをすくってボウルに入れ、やっと食べることができます。(確かに、アート先生は最後の手順を飛ばして、ボウルに入れずに食べていました。) かわいさへの欲求と違って、おやつへの欲求を満たすにはちょっとした努力が必要です。

もちろん、多くの状況では、そのような欲求を満たすのが難しいだけでなく、満たすのが不適切な場合があります。食べたくなったからといって、会議や講義の途中でおやつを取りに行くことはできませんね。（でも、多くの会議中、退屈から逃れるための理由としてこういった行動が適切だとボブ先生は考えています。）でも、インターネットに接続された機器が普及するにつれて、かわいい子猫の動画はいつでもそう遠くないところにあります。

おまけに、急速に広まっている子猫の動画は楽しめるようにうまく仕組まれているのです。こういった動画を投稿している人は、何時間にもわたって録画した場面を時間をかけて編集し、動画が最高に楽しく見えるようにかわいい表情や愛くるしいよちよち歩きだけをまとめて、いちばんよい部分だけを見せています。インターネットではほとんどいつでもどこでも「編集された」かわいさにアクセスできます。つまり、たくさんの情報から必要な情報だけを整理して公開されたかわいい動画を見ることができるというわけです。

人生で経験するほとんどのことでは、よい部分を待つ必要があります。ボブ先生はフットボールの試合を見るのが大好きです。普通の試合では実際にアクションがあるのはほんの一一分ほどです。残りの時間は、選手たちが円陣を組んだり解いたり、タイムアウトを取ったり、テレビのコマーシャルだったり、その他の遅延です。それに、一一分間のアクションのうち、本当の見どころはおよそ一分か二分にすぎません。ということは、ボブ先生はたった一二〇秒の楽しみを待って、試合がある土曜日や日曜日のだいたい三、四時間を費やすのです。

でも、先生にはその時間を正当化できます。なぜなら、フットボールは先生にとって社会的交流の機会だからです。先生と先生の奥さんがテキサス大学の試合に行くと、二人だけの時間や、一緒に座っている友人たちやその家族との時間を楽しく過ごします。無駄話をしたり、審判の間違った判定に文句を付けたり、お互いの近況を聞き合ったりします。そして、試合が盛り上がる瞬間が来たら、みんなで応援できます。

でも、子猫の動画で最初のかわいいシーンが来るまで、ただ寝ている子猫の姿を一時間も見せられたとしたら、そんな動画はだれも見ないでしょう。普通の動画ではそんなに長く待つ必要はありません。動画が始まって数秒で子猫のかわいいしぐさが出てくることが多いのです。そんなわけで、こういう動画は心を癒すおやつとしては完璧です。

もちろん、子猫の動画はすばらしい社会的経験をもたらすこともあります。このような動画をソーシャル・ネットワークで共有する理由の一つは、投稿者が友人の反応を楽しむこともできることです。だから、動画ははるか遠くにいる人とでも楽しい経験を共有できる方法になっています。

さて、子猫の動画は、ちょっとしたおいしいおやつのように、実際に何かのよい効果があるのかと思われるでしょう。まるで薬物のように、ほしいときにすぐ好感を上昇させることができるので、そんな動画に無駄な時間を使ってはいけないのではないかと疑うかもしれません。

でも、かわいい動画はたぶん何かのよい効果があることがわかっています。ただし、動画に夢中になって何時間も座ったまま画面をじっと見つめるようなことがないかぎりは、ですが。現代の世界はあれこれストレスに満ちています。学校に通い始める年齢から、子どもたちはさまざまな学校活動や宿題に追われながら予定を忙しくこなしています。大人になっても仕事で忙しく、多くの人は長時間働きます。そういう人たちにとって、日常はほとんど楽しみがなく、過酷な労働ばかりです。

肯定的な気持ちはいろいろな意味で有益だという証拠がたくさんあります。たとえば、肯定的な気持ちでいる方が肯定的でも否定的でもない気持ちでいるよりも創造的になる傾向があります。また、肯定的な気持ちのときには、複雑な環境でよりよい決断ができます。さらに、肯定的な気持ちだと自制心を持って物事を処理できます。気分がよいときには、そうでないときに比べて、同僚にきつい言い方をする可能性が低くなります。

また、気分がちょっと落ち込んでいるとき（でなければ、たぶん気分がそれほどよくないとき）、子猫の動画を見ると肯定的な気持ちになるきっかけができるでしょう。いったん肯定的な気持ちになると、よいことが二つ起こります。まず、人の行動は別の人に広がる場合がよくあります。人が微笑むと、周りの人も微笑むようになります。ということは、自分が少し幸せになると、周りの人も幸せの度合いが高まるでしょう。

次に、気分は記憶に影響します。気分がいいと、肯定的なことを思い出しがちです。一方、気分が悪いと、悲しいことや緊張を引き起こすことを思い出しがちです。同様に、思い出す物事が気分に影響するので、肯定的な気分で何かを始めると、後に肯定的な記憶がよみがえり、それでさらに肯定的な気分になれるのです。でも、悪い気分で何かを始めると、後に悪い記憶がよみがえって、さらに悪い気分になってしまいます。

悪い気分から逃れられなくなってしまったら、かわいい動画を見るとその日に肯定的な感情が生まれ、その日の残りをいい気分でいられるような方向で物事を進められるでしょう。

もちろん、気分を高めるにはほんの少しの楽しみが鍵となります。何しろ、気分が大きく影響を受けるのは最初に見た動画からなのです。その後、顔を見ると好感を生む身体の仕組みをすでに働かせしまっているので、（薬の効果に慣れてしまって効かなくなるのと同じく）やがて動画に慣れてしまうでしょう。そうすると、動画を見ても付加価値を得られなくなってしまいます。

その上、かわいい動画に時間を使いすぎると、他にやらなければならない大事なことにかける時間がたぶんなくなってしまい、締め切りに間に合わなかったことがストレスになり、大きな目をした子猫の動画からもらった楽しい気分が台無しになります。

（大きな目＋こじんまりした顔立ち＋よちよち歩き）×すぐに見られること×節度＝健康的で完璧な心のおやつ＋気分をあげること

40 昔を懐かしむのはよいことでしょうか、それとも悪いことでしょうか？

信じられないかもしれませんが、この本もこの章が最後です。そうです。これでおしまい。この章が終われば、この本も終わり。この本を読んだという経験も過去のものとして薄れ始めます。でも、そうなると、この本がよりよくなり始めます。もちろん、私たち二人はこの本をもうだいぶ好きですが、読者のみなさんが後になって振り返ってみると、たぶん今よりもよくなっているように思えるでしょう。

アート先生はこういったことが実際に起こったのをしばらく前に見る機会がありました。それは、先生の子どもの一人がニューヨークへ引っ越す直前のことです。二人は映画『スター・ウォーズ』マラソンでその日一日を一緒に過ごそうと決めました。（エピソード4、5、6と番号が振られていてわかりにくいのですが）旧三部作を立て続けに見ました。（二人ともエピソード1、2、3をまた見る気にはなれませんでした。振返って見て、どれほどよくなるかには限度があるんですね。）二人ともこのシリーズが好きなので、二人で座ってワクワクしながら見始めました。でも、エピソード4を二〇分ほど見たところで、実際にこのシリーズが何だかありふれたものに見えてびっくりしました。どういうわけか、二人ともこの映画の記憶には信じられないほどの愛着が背景にあり、主役の俳優たちのかなり大げさな演技がその愛着で覆い隠されていたのです。

（ここで『スター・ウォーズ』ファン全員がアート先生に意地悪なメールを送信しようと思う前に言っておきますが、先生たちは二人ともこのシリーズの功績や、以降の映画に与えたたいへん大きな影響は認めています。それでも、ありふれているんですね。）

もちろん、今の時代と比べて昔はよかったと語り始めるのは年をとった証拠の一つです。ボブ先生は時々、在りし日の思い出をもの悲しげに語っている自分に気づきますが、自分が扱いにくいヤツになり始めていると十分承知しています。

ボブ先生の「ノスタルジー」は過去に対する温かな思いを感じさせ、たぶん過ぎ去った時代への憧れもちょっとだけ含まれるのでしょう。でも、昔の時代にはまったくひどいことも相当あったのにもかかわらず、今よりも昔の方がよかったと思ってしまうことがよくあるのはなぜでしょうか？

そうですね、この感覚を持つにはいくつかの要因が相互に影響しています。

第一に、前にもお話ししましたが、人は心理的に自分に近い物事よりも自分から遠い物事をより抽象的に考えがちです。過去は（時間的に）現在より遠いので、過去のことは現在よりも抽象的に考えます。

現在についてイライラしていることのほとんどは、今の時点で直面している具体的な問題に関係しています。職場での業務や学校の宿題がストレスの原因です。壊れてしまって修理が必要なものがあって、それが心配なのかもしれません。仕事しようとしているのに同僚が話しかけてこようとしているという状況かもしれません。また、やらなければならない用事がいつも邪魔をして毎日の楽しみが味わえません。

でも、過去を振り返ると、こういった特定のイライラの多くはあまり目立っていません。その代わり、過去のより一般的な面に注目しますが、そういう面の多くは楽しいことです。家族と一緒に過ごした祝日の食事、森を散歩したこと、長距離のドライブ、休暇などを覚えています。日常的に経験するささいなイライラを全部事細かに思い出すことは難しいので、過去のぼんやりした思い出は当時経験した程度より肯定的であることが多いのです。ささいなことで家族とケンカをしたこと、森を散歩した後に蚊に刺されてかゆかったこと、車の旅行で退屈していたこと、車のガソリン・メーターの針が「E」に近くなっていてガソリン・スタンドをイライラしながら探したこと――遠く離れた現在から過去のことを考えると、こういったことはみんな記憶から薄れていくものです。

人をもの悲しげに感じさせる第二の要因は、過去を考えるときはその話の結果がどうなったかを知っているということです。たとえば、青春時代はストレス、悩み、不満にあふれています。ティーンエージャーは親から独立しようと悩み苦しんで、社会構造の中に自分の居場所を見つけることを学びます。自分の高校時代を大人になって振り返ると、難しい時をどうにか切り抜けてきたことがわかります。当時は重大だと思えた出来事の多くが、その後の人生で長く影響しなかったことを知っています。

その結果、ティーンの年の楽しかったことに自由に焦点を当てます。高校のフットボールの試合に行ったこと、友だちと楽しい時間を過ごしたこと、週末は昼ごろまで寝ていられたこと――こういったことばかりを思い出します。話の結末を知っているときは、過去のストレスがあった瞬間を最小にして、肯定的な要素に注目するのは簡単です。

一方、現在のことを考えるときは、話の結末がわかりません。現時点でストレスの原因になっている問題が解決されるかどうか、今後もずっと問題になるかどうかわかりません。現状が不確実なので、過去のことよりもストレスをより強く感じ、楽しさはあまり感じないように思えます。

第三の要因は、前にも（第一七章で）お話しした「基準変更の効果」に関係しています。過去に行ったいろいろな評価を思い出したとしても、その評価を行った基準を思い出せないことがよくあります。『スター・ウォーズ』の旧作を見たとき、たぶんそれがアート先生と先生の息子さんに起こったんでしょう。この映画はすばらしいということは思い出しましたが、すばらしいというのは、（以前に見たときの）『スター・ウォーズ』シリーズの映画とその他の映画との比較に基づいた判断ですが、その他の映画を比較の基準として使っているでしょう。

時間が経つにつれて、アート先生と息子さんは映画をさらにたくさん見て、すばらしいという語の定義が変わったのです。でも、『スター・ウォーズ』の元の評価は記憶に留まっているので、もう一度初めから見たとき、すばらしい経験を期待していました。代わりに、先生たちは何をすばらしいと思うかの考えが、時間が経ってより洗練されていたことに気づきました。それで、元の映画が今となってはすばらしいというよりありふれていると思えてしまったのです。とは言え、映画のマラソン鑑賞ではがっかりしたものの、アート先生と息子さんはこれからも『スター・ウォーズ』をすばらしい映画だと思うことにしました。

ここである疑問が湧きます――昔を懐かしむのはよいことでしょうか、それとも悪いことでしょうか？昔を懐かしむのは悪いことかもしれないという例がいくつもあります。過去は現在よりもずっとよいと本当に信じてしまうと、今の世界をよりよくしようとする動機を失うかもしれません。

でも、昔を懐かしむことが逆によい効果を生む場合もよくあるように思えます。特に、現代の問題は時には圧倒されるほど大きいようです。過去を肯定的に振り返ると、よいことが二つ起こります。第一に、過去の多くの問題を克服してきたと自覚します。第二に、人生で困難な状況になったときに助けてくれた多くの人たちを思い出す場合が多いです。その結果、過去についての肯定的な考えは、実際にはコミュニティーとの社会的つながりをより強く感じさせ、現在直面している課題を扱う能力についてより楽観的になります。

さらに、過去にあった困難な状況の多くは実のところ自分ではどうしようもなかったことなのです。たとえば、数年前、アート先生は学会に出るためにチュニジアに行きました。学会の会場に着くまでに三六時間かかりましたが、飛行機を二回、タクシーを三回乗り換え、ワゴン車に乗り、おまけにチュニジア警察とのもめ事もありました。（どうしてそんなことになったかは聞かないでください。）その時は相当なストレスでした。でも、振り返ってみると、この話は笑い話のいいネタになっています。どうせアート先生にはどうしようもなかったので、チュニジア旅行のことを、ああいう目に二度と遭いたくないストレスの多い出来事として考え続けるのでなく、アフリカでの冒険にいくらかのノスタルジーを感じるようにしました。結局、会場に着くまでのむちゃくちゃな旅程の後、チュニジアで一週間過ごしましたが、かなりユニークな経験でした。

自分ではどうしようもできなかった過去の出来事を楽観的な考え方で振り返ると、人生の選択についての後悔をあまり感じなくなり、現在ではより幸せになって自信が高まります。さて、これでこの本を終わります。私たち二人は協力してこの本を書いていて楽しかったのですが、読者のみなさんもこの本を少なくとも私たちと同じぐらい楽しく読んでいただけたら幸いです。最後まで読んでいただきありがとうございます。後にこの本を読んだという記憶が、私たちが書いたときの記憶と同じぐらい肯定的ならよいと思います。

離れてしまうと、懐かしさが増す。

謝辞

この本は『Two Guys on Your Head』という、毎週放送されているラジオ番組から生まれたものです。この番組はテキサス州オースティンのラジオ局KUTが制作し、思いがけなく大きなヒットとなりました。

私たちがまず感謝の気持ちを伝えたいのはKUT局のすばらしい方々です。二年を優に超える間、毎週金曜日に放送されてきた、短いラジオ番組を一から作り、内容に磨きを掛け、維持してきた人たちです。中でも特に感謝を表明したいのは番組の技術担当、デイヴィッド・アルヴァレス氏でしょう。デイヴィッドは私たちが収録時間にいい加減だったり、マイクを正しく着けられなかったりするのをほとんど何も言わずに大目に見てくれます。また、番組のディレクター、ホーク・メンデンホール氏は三年前に私たちが行ったぎこちない試験番組に可能性を認めて、番組を始めのころから支えていただきました。さらに、番組が継続して放送されるように契約書に署名していただいているスチュワート・ヴァンダーヴィルト氏や、励ましと手助けをくださるKUT局の多くの方々、特にマイク・リー氏、ジョン・バーネット氏、ボブ・ブランソン氏、ジョイ・ディアス氏に感謝いたします。

もちろん、私たちが作っている番組は聴取者のみなさまがいなければ、放送を続けることができません。放送やポッドキャストを楽しんでいただいている多くの方々、番組を聞いて考えさせられたというご意見をお寄せくださった方々に大いに感謝いたします。二人の熱心な教師に対してこれ以上の賛辞はありません。

私たちのすばらしいエージェントであるジャイルズ・アンダーソン氏の助けがなければこの番組プロ

ジェクトを立ち上げることはできなかったでしょう。番組を本にするアイディアを提案していただいたのはアンダーソン氏でした。

たいへん幸運なことに、アート先生はレオーラという親友と、ボブ先生はジュディスという親友と結婚しました。この親友たちは私たち二人の悪ふざけを暖かい心で受け入れて（そうでしょ？）快く耐え、いつでもどんな場合にも支えてくれ、励ましてくれました。

最後に、『Two Guys on Your Head』を裏で支える真のブレーンで、とてつもなく独創的で、創造的に斬新で、周りを楽しくさせるレベッカ・マキンロイ氏に尽きることのない感謝の意を表したいと思います。番組のプロデューサー、編集者、親しい友人たちの誰よりも、彼女は限りない好奇心を持ち、学ぶことを愛し、人生がもたらすすべてのことに感謝する心を持っています。私たちはこんな人を他に知りません。毎週毎週、私たち二人が話していることがみなさんにわかりやすく伝わっているのは、ほとんどの場合、創造力、洞察力にあふれた知性、音声・音楽編集ソフトウェアPro Tools®を器用に使う能力を併せ持ったレベッカのおかげなのです。

尊敬の念、感謝の気持ち、愛情をもってこの本を彼女に捧げます。

訳者あとがき

この本との出会いは二〇一六年一一月にテキサス州オースティンで開催された「Texas Book Festival 2016」でした。当時オースティンに住んでいた私は、著者のお二方とラジオ番組のプロデューサーの方のユーモアあふれた講演を聴き、サイン会で実際にお二方にお会いしました。その時、日本語への翻訳のお話を少しして、お二方から励ましのお言葉をいただきました。以来、この本に興味を持っていただける出版社を探して、青土社さんにたどり着いたのです。今、この本を読者のみなさんにお届けできることをたいへんうれしく思っています。

この本では、だれもが一度は持ったことがあるような疑問に、著者のお二方の体験を盛り込みつつ心理学や脳科学の研究結果に基づいて、真面目に、でもわかりやすく答えています。脳科学に興味がある私は、ここにあるような疑問について答えを知りたいと思いながらも、今までボーッと生きてきました。でも、この本のおかげで脳、記憶、言葉、人間関係などについて深く考えるようになり、雑談に使える小ネタも増えました。この経験を日本の読者にもお伝えしたく、翻訳したいと思いました。その目的が叶えられていれば幸いです。

英語が堪能な読者の方は、この本の元になっているポッドキャストの番組『Two Guys on Your Head』をぜひお聴きになってください。アート先生、ボブ先生、レベッカの三人の笑い声とともに、楽しくてためになるお話が聞けます。

ところで、原題の「Brain Briefs」について、前に述べた講演で披露された裏話をご紹介しましょう。著者のお二方は当初、「brain」（脳）と「inquiry」（質問）という単語を組み合わせた造語「brainquiry」をタイトルにしようと考えていました。しかし、「bra-inquiry」と解釈されるおそれがある、つまり「bra」（ブラジャー）についての本だと思われるかもしれないと、編集担当にその案を却下されてしまいました。そこで、同じ下着である「brief」（ブリーフ）にかけた現在のタイトルを提案したのだそうです。

最後に、この本の企画段階からお世話になり、編集を担当していただいた青土社の篠原一平さん、同・梅原進吾さんに厚く御礼申し上げます。また、この本を翻訳するご縁をつないでくださった翻訳者仲間のランサムはなさん、そしていつも支えてくれる家族に心から感謝いたします。みなさん、本当にありがとうございました。

索引

怒り／憤怒　94，191，193，195
意思決定　165-167
科学　54，69，71-72，79-80, 114-115，126-127，208-209
　科学者　9，69，71，127
学習　36，51-56，79-84，88，99，113-115，126，134-135，137-139，163，194，198-199，203，210
学習性無力感　19，192
確証バイアス　69，71-72
ガザニガ，マイケル　123-124
感情　21，28-29，45，47，49，95，105，109，179-180，194，210
記憶　29，31，38-40，42-45，55，78，81-85，98-101，107-110，132，153，167，172，174，181-185，199，204，212 216，230，232，234-236
　作業記憶　33，36，60，65，107-109，159，162，198
　長期記憶　38，107-108，110，216
基準変更の効果　109，234
クルーガー，デイヴィッド　137，217
ゲシュタルト　140-142，144-145
言語　44，57，116-122，124-126，176-177
幸福／幸せ　19-25，151，230，236
交流　53，173，189-190，200-201
ザイアンス，ボブ　165
サイモン，ハーバート　34，169
幸せ　→「幸福」を参照
自信　16-17，93，131，218-220
失敗　15，20，31，72-73，132，134-139，146，150，158，160，217，
習慣　22，67-68，95，99-100，107，133，194
進化　43，64，66，73，78，88，90，95，142，160，189-190，202-204，216，226
信念　110，111-115，188，216，219-220
ストレス　19，22，24，26-29，83，105，147-148，158-163，229，231，233-234，236
スペリー，ロジャー　123-124
性格　11-12，72-73，104-105，107，174
成功　12，31，93-95，135-139，158，211-212，218-220
責任　73，137，146
セリグマン，マーティン　19
創造的／創造性／創造力　69-75，123，125，131-132，159-160，162，171-175，178，208，230
想定　34，175，220
想像　14，47，71，161，
ダニング，デイヴィッド　137，217
チクセントミハイ，ミハイ　97
注意　28，33，39，41，61，63-68，

98-100, 107, 160-161, 180
ディーズ, ジェイムズ　184
なじみ　41, 117, 165-167, 185,
190,
罰　105, 139, 146-151
非難　94-95, 181-182, 187-188
不安　23, 105, 106, 129, 162, 218,
220
ブランスフォード, ジョン　41
フロイト, ジークムント　60
ペネベーカー, ジェイムズ　29
矛盾　87, 106-108, 111, 113-115,
216
問題解決　11, 33-36, 84, 156-157,
171, 174-175
やる気　55, 72, 148, 150
ラベル　110, 187, 222-225
ラマチャンドラン, V・S　47-48
ロフタス, エリザベス　43, 183

参考文献

1　新しい経験を受け入れやすい人が成功するのでしょうか？

Gilovich, T., & Medvec, V. H. (1995). The experience of regret: What, when, and why. *Psychological Review, 102*(2), 379-395.

Kruglanski, A. W., & Webster, D. M. (1996). Motivated closing of the mind: "Seizing" and "freezing." *Psychological Review, 103*(2), 263-283.

Markman, A. (2013). *Habits of leadership*. New York, NY: Perigee Books.

2　幸せは自分でつかむものなのでしょうか？

Cacioppo, J. T., Hawkley, L. C., Kalil, A., Hughes, M. E., Waite, L., & Thisted, R. A. (2008). Happiness and the invisible threads of social connection: The Chicago Health, Aging, and Social Relations Study. In M. Eid & R. J. Larsen (Eds.), *The science of subjective wellbeing* (pp. 195-219). New York, NY: Guilford Press.

Diener, E. (2000). Subjective well-being: The science of a proposal for a national index. *American Psychologist, 55*(1), 34-43.

Epley, N., & Schroeder, J. (2014). Mistakenly seeking solitude. Journal of Experimental *Psychology: General, 143*(5), 1980-1999.

Fujita, F., & Diener, E. (2005). Life satisfaction set point: Stability and change. *Journal of Personality and Social Psychology, 88*(1), 158-164.

Gilbert, D. T., Pinel, E. C., Wilson, T. D., Blumberg, S. J., & Wheatley, T. P. (1998). Immune neglect: A source of durability bias in affective forecasting. *Journal of Personality and Social Psychology, 75*(3), 617-638.

Maier, S. F., & Seligman, M. E. (1976). Learned helplessness: Theory and evidence. *Journal of Experimental Psychology: General, 105*(1), 3-46.

Seligman, M. E. (2002). *Authentic happiness*. New York, NY: Simon & Schuster.（M・セリグマン『世界でひとつだけの幸せ　ポジティブ心理学が教えてくれる満ち足りた人生』小林裕子訳、アスペクト、2004年）

3　ウソを見破るにはどうすればよいでしょうか？

Ormerod, T. C., & Dando, C. J. (2015). Finding a needle in a haystack: Toward a psychologically informed method for aviation security screening. *Journal of Experimental Psychology: General, 144*(1), 76-84.

Pennebaker, J. W. (2011). *The secret life of pronouns: What our words say about us*. New York, NY: Bloomsbury Press.

ten Brinke, L., Stimson, D., & Carney, D. R. (2014). Some evidence for unconscious lie detection. *Psychological Science, 25*(5), 1098-1105.

4　脳トレゲームで賢くなれますか？

Baddeley, A. D. (2007). *Working memory, thought, and action*. New York, NY: Oxford University Press.（A・バドリー『ワーキングメモリ　思考と行為の心理学的基盤』井関龍太、齊藤智、川﨑惠里子訳、誠信書房、2012年）

Newell, A. (1990). *Unified Theories of Cognition*. Cambridge, MA: Harvard University Press.

Newell, A., & Simon, H. A. (1963). GPS: A program that simulates human thought. In E. A. Feigenbaum & J. Feldman (Eds.), *Computers and Thought*. Munich, Germany: R. Oldenbourg KG.

5　物を覚えるときは物語仕立てにするのは役立つでしょうか？
Bransford, J. D., & Johnson, M. K. (1973). Considerations of some problems of comprehension. In W. G. Chase (Ed.), *Visual Information Processing* (pp. 383-438). New York, NY: Academic Press.
Loftus, E. F., & Palmer, J. C. (1974). Reconstruction of automobile destruction: An example of the interaction between language and memory. *Journal of Verbal Learning and Verbal Behavior, 13*, 585-589.
Schank, R. C., & Abelson, R. (1977). *Scripts, plans, goals and understanding.* Hillsdale, NJ: Lawrence Erlbaum Associates.

6　痛みには解釈の余地があるのでしょうか？
Dewall, C. N., MacDonald, G., Webster, G. D., Masten, C. L., Baumeister, R. F., Powell, C., ... Eisenberger, N. I. (2010). *Acetaminophen reduces social pain: Behavioral and neural evidence.* Psychological Science, 14, 931-937.
Fernandez, E., & Turk, D. C. (1992). Sensory and affective components of pain: Separation and synthesis. *Psychological Bulletin, 112*(2), 205-217.
Lakoff, G., & Johnson, M. (1980). *Metaphors we live by.* Chicago, IL: University of Chicago Press.（G・レイコフ、M・ジョンソン『レトリックと人生』渡部昇一、楠瀬淳三、下谷和幸訳、大修館書店、1986年）
Ramachandran, V. S., Brang, D., & McGeoch, P. D. (2009). Size reduction using mirror visual feedback (MVF) reduces phantom pain. *Neurocase: The neural basis of cognition, 15*(5), 357-360.
Ramachandran, V. S., & Hirstein, W. (1998). The perception of phantom limbs: The D. O. Hebb lecture. *Brain, 12*, 1603-1630.
Wager, T. D., & Atlas, L. Y. (2013). How is pain influenced by cognition? Neuroimaging weighs in. *Perspectives on Psychological Science, 8*(1), 91-97.

7　学校での教え方は子どもの学び方と合っているのでしょうか？
Roediger, H. L., & Karpicke, J. D. (2006). The power of testing memory: Basic research and implications for educational practice. *Perspectives on Psychological Science,* 1, 181-210.
Sorce, J. F., Emde, R. N., Campos, J. J., & Klinnert, M. D. (1984). Maternal emotional signaling: Its effect on the visual cliff behavior of 1-year-olds. *Developmental Psychology, 21*(1), 195-200.
Wilson, M. (2002). Six views of embodied cognition. *Psychonomic Bulletin and Review, 9*(4), 625-636.

8　早口言葉を噛んでしまうのはなぜでしょうか？
Dell, G. S. (1986). A spreading activation theory of retrieval in sentence production. *Psychological Review, 93*(3), 283-321.
Griffin, Z. M. (2010). Retrieving personal names, referring expressions, and terms of address. *Psychology of Learning and Motivation, 53*, 345-387.
Levelt, W. J. M. (1989). *Speaking: From intention to articulation.* Cambridge, MA: MIT Press.

9　マルチタスクをするとより多くの仕事を片付けられますか？

Altmann, E. M., Trafton, J. G., & Hambrick, D. Z. (2014). Momentary interruptions can derail the train of thought. *Journal of Experimental Psychology: General, 143*(1), 215-226.
Glucksberg, S., & Cowen, G. N. (1970). Memory for nonattended auditory material. *Cognitive Psychology, 1*(2), 149-156.
Pashler, H. E. (1998). The psychology of attention. Cambridge, MA: MIT Press.
Schneider, W., & Shiffrin, R. M. (1977). Controlled and automatic human information processing: I. Detection, search, and attention. *Psychological Review, 84*(1), 1-66.
Watson, J. M., & Strayer, D. L. (2010). Supertaskers: Profiles in extraordinary multitasking ability. *Psychonomic Bulletin and Review, 17*(4), 479-485.

10　真面目さと創造性は両立できるでしょうか？

King, L. A., McKee-Walker, L., & Broyles, S. J. (1996). Creativity and the five-factor model. *Journal of Research in Personality, 30*(2), 189-203.
Wason, P. C., & Johnson-Laird, P. N. (1972). *Psychology of reasoning structure and content.* London, UK: Routledge.

11　脳はわずか一〇パーセントしか使われていないというのは本当でしょうか？

Bear, M. F., Connors, B. W., & Paradiso, M. A. (2015). *Neuroscience: Exploring the brain.* New York, NY: Wolters Kluwer. 262-263.

12　私たちの記憶力は衰えゆく運命にあるのでしょうか？

Evans, D. A., Beckett, L. A., Albert, M. S., Hebert, L. E., Scherr, P. A., Funkenstein, H. H., & Taylor, J. O. (1993). Level of education and change in cognitive function in a community population of older persons. *Annals of Epidemiology, 3*(1), 71-77.
Hartshorne, J. K., & Germine, L. T. (2015). When does cognitive functioning peak? The asynchronous rise and fall of different cognitive abilities across the life span. *Psychological Science, 26*(4),433-443.
Salthouse, T. A. (2004). What and when of cognitive aging. *Current Directions in Psychological Science, 13*(4), 140-144.
Thomas, A. K. & Dubois, S. J. (2011). Reducing the burden of stereotype threat eliminates age differences in memory distortion. *Psychological Science, 22*(12), 1515-1517.

13　映画の「コンティニュイティー・エラー」を見つけにくいのはなぜでしょうか？

Rensink, R. A., O'Regan, J. K., & Clark, J. J. (1997). To see or not to see: The need for attention to perceive changes in scenes. *Psychological Science, 8*(5), 368-373.
Simons, D. J., & Levin, D. T. (1998). Failure to detect changes to people during a real-world interaction. *Psychonomic Bulletin and Review, 5*(4), 644-649.
Zacks, J. (2014). *Flicker: Your brain on movies.* New York, NY: Oxford University Press.

14　ナルシストはみんな同じなのでしょうか？

Carlson, E. N., & Lawless Desjardins, N. (2015). Do mean guys always finish first or just say they do? Narcissists' awareness of their social status and popularity over

time. *Personality and Social Psychology Bulletin, 41*(7), 901-917.
Konrath, S., Meier, B. P., & Bushman, B.J. (2014). Development and validation of the single item narcissism scale. *PlosONE,* 9(8), e103469.
Krizan, Z., & Johar, O. (2015). Narcissistic rage revisited. *Journal of Personality and Social Psychology, 108*(5), 784-801.

15　年をとると時間が速くすぎるのでしょうか？

Avni-Babad, D., & Ritov, I. (2003). Routine and the perception of time. *Journal of Experimental Psychology: General, 132*(4), 543-550.
Coane, J. H., & Balota, D. A. (2009). Priming the holiday spirit: Persistent activation due to extraexperimental experiences. *Psychonomic Bulletin and Review, 16*(6), 1124-1128.
Csikszentmihalyi, M. (1990). *Flow*. New York, NY: Harper Perennial（M・チクセントミハイ『フロー体験　喜びの現象学』今村浩明訳、世界思想社、1996年）

16　寛大なことはなぜ強力なのでしょうか？

Freedman, S. R., & Enright, R. D. (1996). Forgiveness as an intervention goal with incest survivors. *Journal of Counseling and Clinical Psychology, 64*(5), 983-992.
Noreen, S., Bierman, R., & MacLeod, M. D. (2014). Forgiving you is hard, but forgetting seems easy: Can forgiveness facilitate forgetting? *Psychological Science, 25*(7), 1295-1302.
Steiner, M., Allemand, M., & McCullough, M. E. (2012). Do agreeableness and neuroticism explain age differences in the tendency to forgive others? *Personality and Social Psychology Bulletin, 38*(4), 441-453.

17　私たちの思考はそもそも一貫性があるのでしょうか？

Baddeley, A. D. (2007). *Working memory, thought, and action*. New York, NY: Oxford University Press.（A・バドリー『ワーキングメモリ　思考と行為の心理学的基盤』井関龍太、齊藤智、川﨑惠里子訳、誠信書房、2012年）
Festinger, L. (1956). *A theory of cognitive dissonance*. Stanford, CA: Stanford University Press.（L・フェスティンガー『認知的不協和の理論　社会心理学序説』末永俊郎訳、誠信書房、1965年）
Higgins, E. T., & Stangor, C. (1988). A "change-of-standard" perspective on the relations among context, judgment and memory. *Journal of Personality and Social Psychology, 54*(2), 181-192.
Read, S. J., Monroe, B. M., Brownstein, A. L., Yang, Y., Chopra, G., & Miller, L. C. (2010). A neural network model of the structure and dynamics of human personality. *Psychological Review, 117*(1), 61-92.
Russo, E.J., Medvec, V. H., & Meloy, M. G. (1996). The distortion of information during decisions. *Organizational Behavior and Human Decision Processes, 66*, 102-110.
Simon, D., & Holyoak, K. J. (2002). Structural dynamics of cognition: From consistency theories to constraint satisfaction. *Personality and Social Psychology Review, 6*(6), 283-294.
Thagard, P. (1989). Explanatory coherence. *Behavioral and Brain Sciences, 12*, 435-502.
Tulving, E. (1983). *Elements of episodic memory*. New York, NY: Oxford University Press.（E・タルヴィング『タルヴィングの記憶理論　エピソード記憶の要素』太

田信夫訳、教育出版、1985年）

18　信念はブレないのでしょうか？

Baron, J., & Spranca, M. (1997). Protected values. *Organizational Behavior and Human Decision Processes, 70*(1), 1-16.

Platt, J. R. (1964). Strong inference. *Science, 146*, 347-352.

19　新しい言語を覚えるのが難しいのはなぜでしょうか？

Eimas, P. D. (1971). Speech perception in infants. *Science, 171*, 303-306.

Gomez, R. L., & Gerken, L. (1999). Artificial grammar learning by 1-year-olds leads to specific and abstract knowledge. *Cognition, 70*(2), 109-135.

Newport, E. L. (1990). Maturational constraints on language learning. *Cognitive Science, 14*(1), 11-28.

Saffran, J. R., Aslin, R. N., & Newport, E. L. (1996). Statistical learning by 8-month-old infants. *Science, 274*, 1926-1928.

20　右脳は左脳と違うのでしょうか？

Robertson, L. C., & Ivry, R. (2000). Hemispheric asymmetries: Attention to visual and auditory primitives. *Current Directions in Psychological Science, 9*(2), 59-63.

Sperry, R. W. (1974). Lateral specialization in the surgically separated hemispheres. In F. O. Schmitt & F. G. Worden (Eds.), *Neuroscience* (pp. 202-229). Cambridge, MA: MIT Press.

21　ライターズ・ブロックを克服するにはどうすればよいでしょうか？

Clance, P. R., & Imes, S. (1978). The imposter phenomenon in high achieving women: Dynamics and therapeutic intervention. *Psychotherapy Theory, Research, and Practice, 15*(3), 241-247.

King, S. (2000). On writing. New York, NY: Scribner.（Ｓ・キング『小説作法』池央耿訳、アーティストハウス、2001年）

Paulus, P. B., Kohn, N. W., & Arditti, L. E. (2011). Effects of quantity and quality instructions on brainstorming. *Journal of Creative Behavior, 45*(1), 38-46.

22　失敗は必要でしょうか？

Dunning, D., & Kruger, J. (1999). Unskilled and unaware of it: How difficulties in recognizing one's own incompetence lead to inflated self-assessments. *Journal of Personality and Social Psychology, 77*(6), 1121-1134.

Dweck, C. (2006). Mindset. New York, NY: Random House.（Ｃ・ドゥエック『マインドセット　「やればできる！」の研究』今西康子訳、草思社、2016年）

Neff, K. (2003). Self-compassion: An alternative conceptualization of a healthy attitude toward oneself. *Self and Identity, 2*(2), 85-101.

Saxenian, A. (1996). *Regional advantage*. Cambridge, MA: Harvard University Press.（Ａ・サクセニアン『現代の二都物語　なぜシリコンバレーは復活し、ボストン・ルート１２８は沈んだか』山形浩生、柏木亮二訳、日経ＢＰ社、2009年）

23　自分が見ていることのどれほどが現実なのでしょうか？

Goldmeier, E. (1972). Similarity in visually perceived forms. *Psychological Issues, 8*(1),

1-136.
Kanizsa, G. (1976). Subjective contours. *Scientific American, 234*(4), 48-52.
Palmer, S. E. (1992). Common region: A new principle of perceptual grouping. *Cognitive Psychology,* 9(3), 441-474.

24 罰することは役立つでしょうか？

Higgins, E. T. (1997). Beyond pleasure and pain. *American Psychologist, 52*(12), 1280-1300.
Miller, N. E. (1959). Liberalization of basic S-R concepts: Extensions to conflict behavior, motivation, and social learning. In S. Koch (Ed.), *Psychology: A study of a science. General and systematic formulations, learning, and special processes* (Vol. 2, pp. 196-292). New York, NY: McGraw Hill.
Warr, P. (1999). Well-being and the workplace. In D. Kahneman, E. Diener, & N. Schwarz (Eds.), *Well-being: The foundations of hedonic psychology* (pp. 392-412). New York, NY: Russell Sage Foundation.

25 比べることはなぜとても役立つのでしょうか？

Basalla, G. (1988). *The evolution of technology*. Cambridge, UK: Cambridge University Press.
Chen, S., & Andersen, S. M. (1999). Relationships from the past in the present: Significant-other representations and transference in interpersonal life. In M. P. Zanna (Ed.), *Advances in experimental social psychology* (Vol. 31, pp. 123-190). San Diego, CA: Academic Press.
Gentner, D. (1983). Structure-mapping: A theoretical framework for analogy. *Cognitive Science, 7,* 155-170.
Gentner, D., & Markman, A. B. (1997). Structural alignment in analogy and similarity. *American Psychologist, 52*(1), 45-56.
Goswami, U., & Brown, A. L. (1989). Melting chocolate and melting snowmen: Analogical reasoning and causal relations. *Cognition, 35,* 69-95.
Linsey, J. S., Wood, K. L., & Markman, A. B. (2008). Modality and representation in analogy. *Artificial Intelligence for Engineering Design, Analysis, and Manufacturing, 22*(2), 85-100.
Zhang, S., & Markman, A. B. (1998). Overcoming the early entrant advantage: The role of alignable and nonalignable differences. *Journal of Marketing Research, 35,* 413-426.

26 人はなぜプレッシャーを感じるとあがるのでしょうか？

Beilock, S. (2011). *Choke: What the secrets of the brain reveal about getting it right when you have to.* New York, NY: Atria Books. （S・バイロック『なぜ本番でしくじるのか　プレッシャーに強い人と弱い人』東郷えりか訳、河出書房新社、2011年）
DeCaro, M. S., Thomas, R. D., Albert, N. B., & Beilock, S. L. (2011). Choking under pressure: Multiple routes to skill failure. *Journal of Experimental Psychology: General, 140*(3), 390-406.
Goetz, T., Bieg, M., Ludtke, O., Pekrun, R., & Hall, N. C. (2013). Do girls really experience more anxiety in mathematics. *Psychological Science, 24*(10), 2079-2087.
Gray, R. (2004). Attending to the execution of a complex sensorimotor skill: Expertise

differences, choking, and slumps. *Journal of Experimental Psychology: Applied, 10*(1), 42-54.
Masters, R. S. W. (1992). Knowledge, knerves, and know-how: The role of explicit versus implicit knowledge in the breakdown of a complex motor skill under pressure. *British Journal of Psychology, 83*, 343-358.
Steele, C. M., & Aronson, J. (1995). Stereotype threat and the intellectual test performance of African Americans. *Journal of Personality and Social Psychology, 69*(5), 797-811.
Worthy, D. A., Markman, A. B., & Maddox, W. T. (2009). Choking and excelling at the free throw line. *International Journal of Creativity & Problem Solving, 19*, 53-58.
Worthy, D. A., Markman, A. B., & Maddox, W. T. (2009). Choking and excelling under pressure in experienced classifiers. *Attention, Perception, and Psychophysics, 71*, 924-935.

27　何を買うかはどうやって決めているのでしょうか？

Dempsey, M. A., & Mitchell, A. A. (2010). The influence of implicit attitudes on choice when consumers are confronted with conflicting attribute information. *Journal of Consumer Research, 37*, 614-625.
Fader, P. S., & Lattin, J. M. (1993). Accounting for heterogeneity and nonstationarity in a cross-sectional model of consumer purchase behavior. *Marketing Science, 12*(3), 304-317.
Payne, J. W., Bettman, J. R., & Johnson, E. J. (1993). *The adaptive decision maker*. New York, NY: Cambridge University Press.
Simon, H. A. (1957). *Models of man: Social and rational*. New York, NY: Wiley. （H・A・サイモン『人間行動のモデル』同文館出版、1970年）
Simonson, I. (1989). Choice based on reasons: The case of attraction and compromise effects. *Journal of Consumer Research, 16*, 158-174.
Zajonc, R. B. (1968). Attitudinal effects of mere exposure. *Journal of Personality and Social Psychology, 9*, 1-27.

28　ブレインストーミングをするのに最もよい方法はなんでしょうか？

Finke, R. A., Ward, T. B., & Smith, S. M. (1992). *Creative cognition: Theory, research, and applications*. Cambridge, MA: MIT Press.（R・A・フィンケ、T・B・ウォード『創造的認知ＰＯＤ版　実験で探るクリエイティブな発想のメカニズム』小橋康章訳、森北出版、2014）
Linsey, J. S., Clauss, E. F., Kurtoglu, T., Murphy, J. T., Wood, K. L., & Markman, A. B. (2011). An experimental study of group idea generation techniques: Understanding the roles of idea representation and viewing methods. *Journal of Mechanical Design, 133*(3). doi: 10.1115/1.4003498
Mullen, B., Johnson, C., & Salas, E. (1991). Productivity loss in brainstorming groups: A meta-analytic integration. *Basic and Applied Social Psychology, 12*(1), 3-23.
Osborn, A. (1957). Applied imagination. New York, NY: Scribner and Sons. Paulus, P. B., & Brown, V. R. (2002). Making group brainstorming more effective: Recommendations from an associative memory perspective. *Current Directions in Psychological Science, 11*, 208-212.

29　オンラインでのコミュニケーションがとても非効率的なのはなぜでしょう

か？
Clark, H. H. (1996). *Using language.* New York, NY: Cambridge University Press.

30　起こってないことを思い出すということはありえるでしょうか？
Johnson, M. K., Hashtroudi, S., & Lindsay, D. S. (1993). Source monitoring. *Psychological Bulletin, 114*(1), 3-28.
Loftus, E. F., & Palmer, J. C. (1974). Reconstruction of automobile destruction: An example of the interaction between language and memory. *Journal of Verbal Learning and Verbal Behavior, 13*, 585-589.
Roediger, H. L., & McDermott, K. B. (1995). Creating false memories: Remembering words not presented in lists. *Journal of Experimental Psychology: Learning, Memory, and Cognition, 21*(4), 803-814.
Thomas, A. K., & Loftus, E. F. (2002). Creating bizarre false memories through imagination. *Memory and Cognition, 30*(3), 423-431.
Wilson, B. M., Mickes, L., Stolarz-Fantino, S., Evrard, M., & Fantino, E. (2015). Increased false-memory susceptibility after mindfulness meditation. *Psychological Science, 26*(10), 1567-1573.

31　偏見は避けられるものでしょうか？
Brewer, M. B. (1979). In-group bias in the minimal intergroup situation: A cognitive-motivational analysis. *Psychological Bulletin, 86*(2), 307-324.
Cameron, J. A., Alvarez, J. M., Ruble, D. N., & Fuligni, A. J. (2001). Chidren's lay theories about ingroups and outgroups: Reconceptualizing research on prejudice. *Personality and Social Psychology Review, 2*, 118-128.
Hirschfeld, L. A. (1996). *Race in the making.* Cambridge, MA: MIT Press.

32　とめどなくくどい迷惑に対処するいちばんよい方法はなんでしょうか？
Bushman, B. J., Baumeister, R. F., & Stack, A. D. (1999). Catharsis, aggression, and persuasive influence: Self-fulfilling or self-defeating prophecies? *Journal of Personality and Social Psychology, 76*(3), 367-376.
Findley, M. J., & Cooper, H. M. (1983). Locus of control and academic achievement: A literature review. *Journal of Personality and Social Psychology, 44*(2), 419-427.
Lefcourt, H. M. (1991). Locus of control. In J. P. Robinson, P. R. Shaver, & L. S. Wrightsman (Eds.), *Measures of personality and social psychological attitudes* (Vol. 1, pp. 413-499). San Diego, CA: Academic Press.
Maier, S. F., & Seligman, M. E. (1976). Learned helplessness: Theory and evidence. *Journal of Experimental Psychology: General, 105*(1), 3-46.

33　人の心を読み取る技能は必要でしょうか？
Baron-Cohen, S., Leslie, A. M., & Frith, U. (1985). Does the autistic child have a "theory of mind?" *Cognition, 21*(1), 37-46.
Clark, H. H. (1996). Using language. New York, NY: Cambridge University Press.
Ding, X. P., Wellman, H. M., Wang, Y., Fu, G., & Lee, K. (2015). Theory of-mind training causes honest young children to lie. *Psychological Science, 26*(11), 1812-1821.
Keysar, B. (1994). The illusory transparency of intention: Linguistic perspective-taking in text. *Cognitive Psychology, 26*, 165-208.
Perner, J. (1993). *Understanding the representational mind.* Cambridge, MA: MIT Press. (

J・パーナー『発達する〈心の理論〉――4歳：人の心を理解するターニングポイント』小島康次、佐藤淳、松田真幸訳、ブレーン出版、2006年）

34　結局のところ、脳とは何のためにあるのでしょうか？

Castellucci, V., Pinsker, H., Kupfermann, I., & Kandel, E. R. (1970). Neuronal mechanisms of habituation and dishabituation of the gill withdrawal reflex in Aplysia. *Science, 167*(3926), 1745-1748.

Clark, A. (2013). Whatever next? Predictive brains, situated agents, and the future of cognitive science. *Behavioral and Brain Sciences, 36*(03), 181-204. http://doi.org/10.1017/S0140525X12000477

Schultz, W., & Dickinson, A. (2000). Neuronal coding of prediction errors. *Annual Review of Neuroscience, 23*(1), 473-500. http://doi.org/10.1146/annurev.neuro.23.1.473

Van Doorn, G., Paton, B., Howell, J., & Hohwy, J. (2015). Attenuated self-tickle sensation even under trajectory perturbation. *Consciousness and Cognition, 36*, 147-153. http://doi.org/10.1016/j. Concog.2015.06.016

35　モーツァルトの曲を聴くと頭がよくなるのでしょうか？

Chabris, C. F. (1999). Prelude or requiem for the "Mozart Effect"? *Nature, 400*(6747), 826-827. http://doi.org/10.1038/23608

Duke, R. A. (2000). The other Mozart Effect: An open letter to music educators. *Update: Applications of Research in Music Education, 19*(1), 9-16. http://doi.org/10.1177/875512330001900103

Isen, A. M., & Labroo, A. A. (2003). Some ways in which positive affect facilitates decision making and judgment. In S. L. Schneider & J. Shanteau (Eds.), *Emerging perspectives on judgment and decision research* (pp. 365-393). New York, NY: Cambridge University Press.

Rauscher, F. H., Shaw, G. L., & Ky, C. N. (1993). Music and spatial task performance. *Nature, 365*(6447), 611. http://doi.org/10.1038/365611a0

Schellenberg, E. G., & Hallam, S. (2005). Music listening and cognitive abilities in 10- and 11-year-olds: The blur effect. *Annals of the New York Academy of Sciences, 1060*(1), 202-209. http://doi.org/10.1196/annals.1360.013

Steele, K. M. (2006). Unconvincing evidence that rats show a Mozart Effect. *Music Perception: An Interdisciplinary Journal, 23*(5), 455-458. http://doi.org/10.1525/mp.2006.23.5.455

36　他の人はなぜ怠け者なのでしょうか？

Christiansen, A., Sullaway, M., & King, C. E. (1983). Systematic error in behavioral reports of dyadic interaction: Egocentric bias and content effects. *Behavioral Assessment, 5*(2), 129-140.

Gilovich, T., Medvec, V. H., & Savitsky, K. (2000). The spotlight effect in social judgment: An egocentric bias in estimates of the salience of one's own actions and appearance. *Journal of Personality and Social Psychology, 78*(2), 211-222.

Kahneman, D., Knetsch, J. L., & Thaler, R. H. (1991). Anomalies: The endowment effect, loss aversion and status quo bias. *Journal of Economic Perspectives, 5*(1), 193-206.

Trope, Y., & Liberman, N. (2003). Temporal construal. *Psychological Review, 110*(3), 403-421.

37　妄想はよいことなのでしょうか？

Brehm, J. W., & Self, E. A. (1989). The intensity of motivation. *Annual Review of Psychology, 40,* 109-131.

Chambers, J. R., & Windschitl, P. D. (2004). Biases in social comparative judgments: The role of nonmotivated factors in above average and comparative-optimism effects. *Psychological Bulletin, 130*(5), 813-838.

Dunning, D., & Kruger, J. (1999). Unskilled and unaware of it: How difficulties in recognizing one's own incompetence lead to inflated self-assessments. *Journal of Personality and Social Psychology, 77*(6), 1121-1134.

Forbes, D. P. (2005). Are some entrepreneurs more overconfident than others? *Journal of Business Venturing, 20*(5), 623-640.

Locke, E. A., & Latham, G. P. (2002). Building a practically useful theory of goal setting and task motivation: A 35-year odyssey. *American Psychologist, 57*(9), 705-717.

Norem, J. K., & Cantor, N. (1986). Defensive pessimism: Harnessing anxiety as motivation. *Journal of Personality and Social Psychology, 51*(6), 1208-1217.

38　犬のことを「犬」と呼ぶのはなぜでしょうか？

Brown, R. (1958). How shall a thing be called? Psychological Review, 65(1), 14-21.

Rosch, E., Mervis, C. B., Gray, W. D., Johnson, D. M., & Boyes-Braem, P. (1976). Basic objects in natural categories. *Cognitive Psychology, 8,* 382-439.

Tanaka, J. W., & Taylor, M. (1991). Object categories and expertise: Is the basic level in the eye of the beholder. *Cognitive Psychology, 23,* 457-482.

39　だれもが子猫の動画を大好きなのはなぜでしょうか？

Ashby, F. G., Isen, A. M., & Turken, A. U. (1999). A neuropsychological theory of positive affect and its influence on cognition. *Psychological Review, 106*(3), 529-550.

Bower, G. H. (1981). Mood and memory. *American Psychologist, 36*(2), 129-148.

Hildebrandt, K. A., & Fitzgerald, H. E. (1979). Facial feature determinants of perceived infant attractiveness. *Infant behavior and development, 2,* 329-339.

40　昔を懐かしむのはよいことでしょうか、それとも悪いことでしょうか？

Cheung, W., Wildshutl, T., Sedikides, C., Hepper, E. G., Arndt, J., & Vingerhoets, A. J. J. M. (2013). Back to the future: Nostalgia increases optimism. *Personality and Social Psychology Bulletin, 39*(11), 1484-1496.

Higgins, E. T., & Stangor, C. (1988). A "change-of-standard perspective" on the relations among context, judgment, and memory. *Journal of Personality and Social Psychology, 54*(2), 181-192.

この脳の謎、説明してください！
知らないと後悔する脳にまつわる40の話

2018年11月25日　第一刷印刷
2018年12月5日　第一刷発行

著　者　アート・マークマン＋ボブ・デューク
訳　者　浅野義輝

発行者　清水一人
発行所　青土社
〒101-0051　東京都千代田区神田神保町1-29　市瀬ビル
［電話］03-3291-9831（編集）03-3294-7829（営業）
［振替］00190-7-192955

印刷・製本　ディグ
装幀　松田行正
ISBN978-4-7917-7111-0　Printed in Japan